设计思维手绘表现

郑晓慧 著

化学工业出版社

·北京·

内容简介

作为一本室内手绘方向的提高类书籍，本书不仅讲解了基本的绘画技巧，还帮助读者快速地进入学习状态，培养设计思维，并通过场景分类讲述不同场景模式下的绘画要点，读者可以准确地找到自己想要学习的方向，进行专题性训练。通过在设计中注入新的思维方式，使用简单易学的绘画手法，快速提升设计的感染力，让读者可以做到知识与技能的灵活运用。

本书作者拥有丰富的教学经验，书中语言通俗易懂，绘画风格清新，是一本适合环境艺术设计（室内方向）专业在校生、考研学生及在职设计师阅读的书籍。

随书附赠资源，请访问 https://www.cip.com.cn/Service/Download 下载。在如右图所示位置，输入“42144”点击“搜索资源”即可进入下载页面。

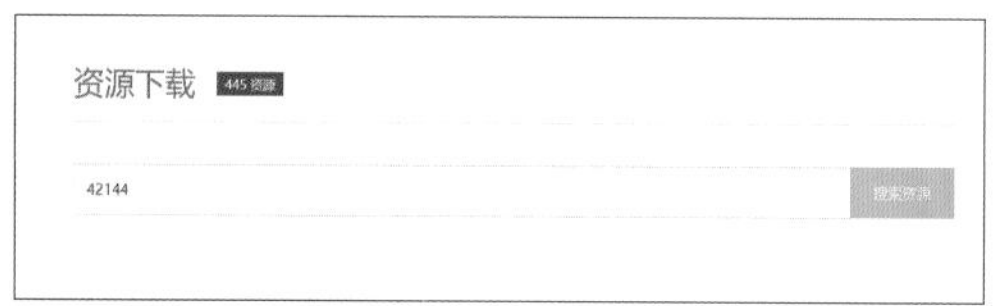

图书在版编目（CIP）数据

室内设计思维手绘表现 / 郑晓慧著. —北京：化学工业出版社，2022.11
ISBN 978-7-122-42144-9

Ⅰ. ①室… Ⅱ. ①郑… Ⅲ. ①室内装饰设计—绘画技法 Ⅳ. ①TU204.11

中国版本图书馆CIP数据核字（2022）第166290号

责任编辑：吕梦瑶　　　装帧设计：卡古鸟设计
责任校对：赵懿桐

出版发行：化学工业出版社（北京市东城区青年湖南街 13 号　邮政编码 100011）
印　　装：北京宝隆世纪印刷有限公司
710mm × 1000mm　1/12　印张 15　字数 240 千字　2023 年 1 月北京第 1 版第 1 次印刷

购书咨询：010-64518888　　　售后服务：010-64518899
网　　址：http：//www.cip.com.cn
凡购买本书，如有缺损质量问题，本社销售中心负责调换。

定　　价：79.80 元

前言

非常荣幸，在这一刻，是你翻开了这本书，这可能是我们初识的第一面。非常感谢过去积累的一切，促成了这一刻。

说起手绘，直到出版这一刻，我已经坚持了十多年。最初爱上手绘，只是源于小时候对绘画的热爱，后来学了设计，才知道有一种将设计和理念结合在一起的绘画形式，叫作设计手绘。这是一门手头功夫与头脑思维完美结合的技艺。

这本书拖延了很久才正式出版，因为这个过程中我一直在否定自己，不管是手绘的风格还是设计案例的选择，总感觉会有更好的呈现方式，但终究需要一个节点。书中替换了很多我觉得已经不足以拿来与大家分享的作品，以尽力呈现我认为还不错的结果，希望这本书能在手绘以及设计方面都能给大家一些正向的引导和帮助。

本书为零基础教学的书籍，前四章集中讲解线条、透视、构图、单体、马克笔基础等内容，第五章列举了大量场景案例，从六大类场景入手，每个场景的第一个案例都附带了详细的绘图步骤，每个案例都配有场景设计解析与色号。希望以设计为切入点，让大家在临摹手绘作品的同时，可以看到更多有意思的设计案例，从而进行设计灵感的积累，更好地呼应“设计手绘”这个主题。

希望通过本书，可以结交更多手绘和设计的爱好者，书中欠缺之处，欢迎广大粉丝、朋友以及专业人士的批评与指正。

最后，再次感谢您的喜爱与支持！

郑晓慧

2022 年 6 月 13 日 山东济南

目录

5.4 办公空间 / 133

5.5 商业及展示空间 / 146

5.6 儿童空间及其他空间 / 162

第1章 手绘初识

提到“手绘”二字，浮现在大家脑海里的是什么呢?

是专业课老师布置的大量手绘效果图作业，还是为考研准备的手绘快题设计?在作业或考研的压力下，才强迫自己去完成学习手绘的这项任务吗?在学习手绘的过程中，想必大家肯定充满了疑惑，甚至是被某种任务牵着鼻子走，而没有真正地思考过为什么要学习手绘，手绘对于自己的未来有哪些帮助，在哪些工作中能用到手绘。在考虑清楚这几个问题之后，大家的学习热情才会被激发出来。

在正式开始学习手绘之前，我们先来认识一下手绘的学习阶段。

1.1 临摹阶段

这是大家学习室内手绘的第一步，零基础学习手绘都会从线条、透视、构图、单体等方面入手，这些是构成一张效果图最基本的元素。临摹过程中，大家学习的是以下几个方面。

① 不同场景的表达手法，如家居空间、餐饮空间、办公空间、展示空间、主题商业空间等该如何表现。

② 不同软装元素的表达手法，如座椅、沙发、茶几、盆栽、室内装饰摆设等。

③ 不同的材质及纹理如何用马克笔来表现，如水体、石材、玻璃、木材等。

④ 不同的气氛应该用怎样的配色，如冷色系、暖色系、木色系及不同灯光氛围下的表现特点。

⑤ 学习不同的构图和透视形式，可以让效果图看上去更有视觉冲击力，以便更好地表达室内空间。

当我们积累了足够多的案例时，自然能够熟练掌握不同场景、材质、配色的画法，这个时候就可以进入手绘的下一个阶段。

1.2 实景写生阶段

实景写生阶段主要以实景照片的转绘为主，实景转绘练习可以训练概括一个场景和构图的能力。在实景转绘的过程中，要按照临摹阶段学会的构图特点和场景的概括手法来表现。要注意，实景照片跟手绘构图及虚实关系是不同的，用手绘去表达的时候要注意主次关系，学会概括、省略、留白。

训练构图的同时还需要练习概括空间色彩及材质的能力，感受光影产生的黑、白、灰关系和色彩关系。

在选图的过程中需要注意，我们应该利用日常的时间去积累设计的灵感和素材，要学会做分类整理，如分为家居、餐饮、办公、展示、商业等空间，这些也是后期绘制快题时，各大高校会高频考到的空间类型。

1.2.1 案例 1：家居空间实景写生

本案例基本上按照原图内容进行转绘，仅调整了配色。这是转绘实景照片的第一步，学会快速概括空间框架和构图，注意家具尺度和比例。

家居空间实景照片与效果图

1.2.2 案例 2：休闲文创空间实景写生

本案例中绘制的为某休闲文创空间，在借鉴原图构图的基础上，又进行了局部的布局调整和色彩调整。实景转绘既可以完全参考实景，也可以结合自己的意向进行一定的创作，可能会有意想不到的效果。

休闲文创空间实景照片与效果图

1.3 设计表现阶段

1.3.1 收集意向图

设计表现是基于前两个阶段都非常熟练的基础上进行的。当我们积累的设计案例足够丰富的时候，脑海中自然会形成一个强大的素材库，在设计某个节点时，我们可以快速地提取出曾经绘制过的或者看到过的优秀案例，这就是平时做设计的前期工作——收集意向图。有了意向图后，可以根据场景设计需求，绘制出符合自己思路的场景设计表现效果图。

1.3.2 案例 1：餐饮空间的构思过程

在左上图中的餐饮空间的框架基础上，再结合左下图中的天然材质框架，会是什么效果呢?

餐饮空间实景照片与效果图

本案例比较有意思，我们选择了一个比较有特色的竹木结构，将其放在一个吊顶有设计感的餐饮空间内，将两者进行重组，形成不同风格的空间形式。在改绘的过程中，不仅对原构图进行了空间进深的调整，还整合了不同的元素。这个过程需要我们有大量的积累，并能够按照自己的理解，合理、美观地丰富环境效果，增加适合的配景元素，调整空间配色，形成最后的成图。

1.3.3 案例 2：儿童活动空间的构思过程

有时候会遇到一些比较有意思的场景和元素，我们把它跟室内儿童活动空间结合起来会是什么样子呢?

儿童活动空间实景照片与效果图

在原有滑梯、趣味钻洞、蘑菇元素的基础上增加了云朵吊灯，并在局部空间增添童趣元素，在远处又增加了室内攀岩墙，形成了一个更全面、富有趣味的儿童活动空间。

1.3.4 设计草图表现和设计效果的最终呈现

设计表现又分为设计草图表现和设计效果的最终呈现。

设计草图表现更多存在于节点设计的推敲过程、团队的沟通过程，或跟客户沟通设计意图的过程中。在这个过程中不需要画得过于细致，只需要表达大概的构思即可。在这里，手绘不可忽视的一个优势就是快速。一个优秀的设计师可以快速地表达自己的想法，而且还可以让对方在最短的时间内快速地领悟到自己的创意点，这无疑是个非常高效的专业技能。

设计效果的最终呈现即在原有设计草图的基础上进行深化，最终达到细腻的刻画效果。

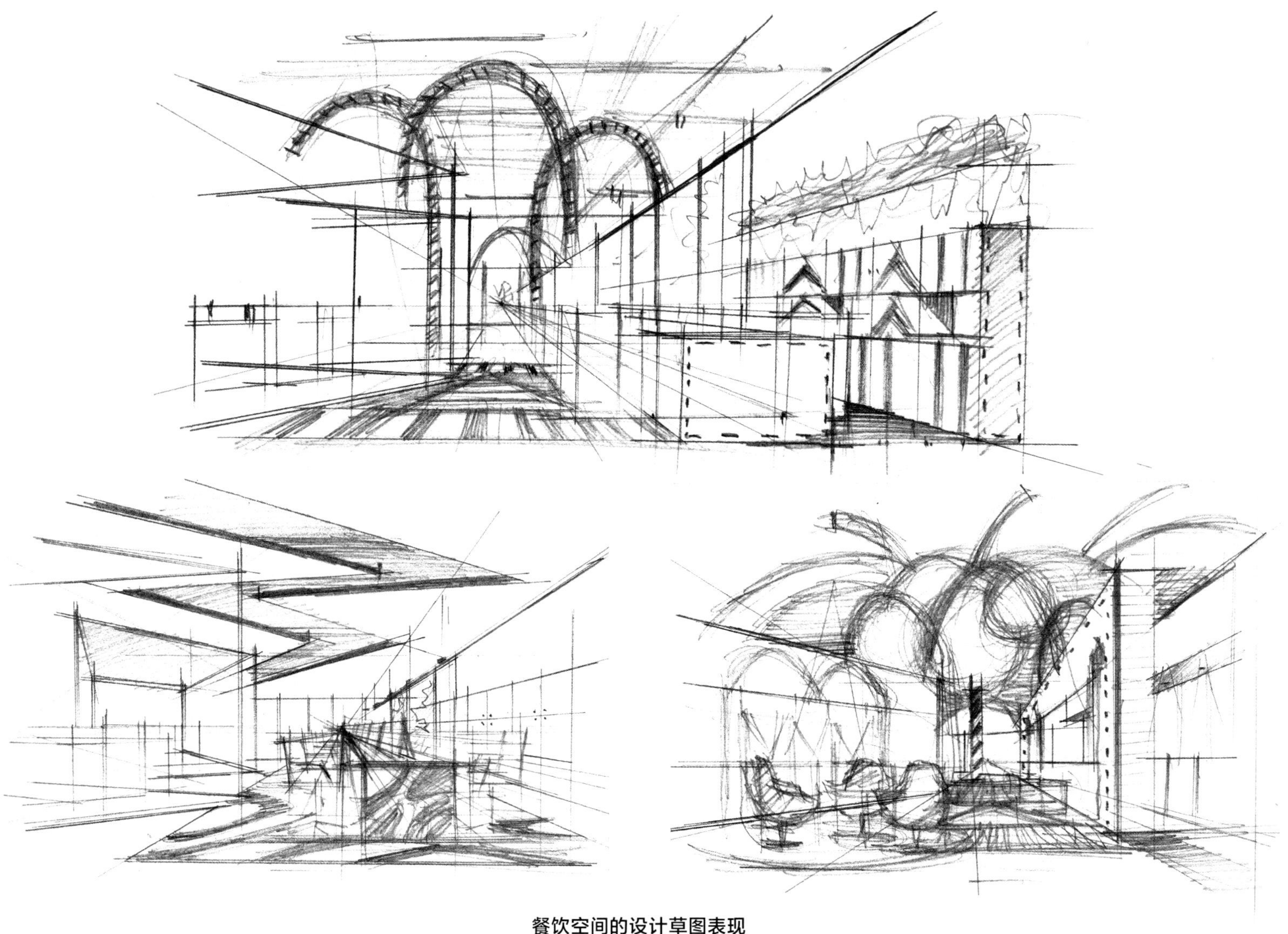

餐饮空间的设计草图表现

餐饮空间设计效果的最终呈现

在手绘学习和提高的过程中，大概要经历以上三个阶段。至于手绘的不同风格与不同的表现技法，则是仁者见仁了，大家喜欢什么样的风格就去临摹、练习什么样的，在这里没有硬性的对错标准。不管是什么样的风格，最终能够准确、生动、快速地表达出我们需要的场景设计即可。

第2章 手绘入门

2.1 工具介绍

平时同学们问得最多的问题就是画图都需要使用哪些工具，在开始正式学习之前，先给大家推荐一下我平时画图用得比较顺手的工具。

绘图纸

普通打印纸，A3、A4均可，建议使用80g的纸，纸质略厚，后期用马克笔上色不容易晕开。

绘图铅笔

起草用的铅笔建议使用HB，该型号颜色偏浅，不容易弄脏画面，后面也好擦除。不建议使用自动铅笔，虽然容易抠细节，但是会影响绘图效率且易断。

（凌美狩猎者 · 本书使用品牌）

（博采钢笔 · 速干笔 · 本书使用品牌）

绘图笔

上墨线的绘图笔比较多，推荐以下几种。凌美（LAMY）狩猎者钢笔，推荐F笔尖（约0.7mm）。博采钢笔推荐EF笔尖，可根据自己的习惯选择。适合尺规作图的还有速干笔、白雪走珠笔、晨光会议笔等。不同绘图笔的笔尖质感不同，绘制出的线条质感也略有差别。应选择笔尖略带弹性的笔，这样绘制出的线条比较富有变化，能使画面变得生动。绘图笔品牌众多，书写流畅即可。

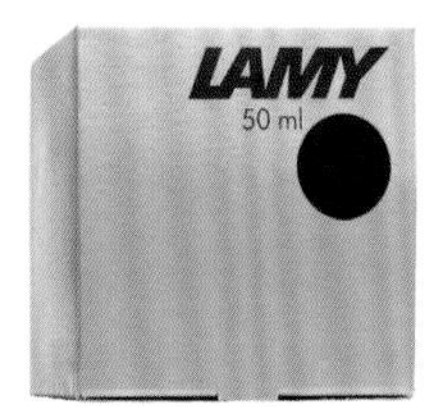

（凌美钢笔水 · 本书使用品牌）

钢笔水

凌美、百利金都不错。

马克笔

马克笔作为手绘图主要的上色工具，品牌众多，推荐使用酒精性马克笔，绘图颜色可无限叠加。不推荐使用水性马克笔，其颜色不易叠加。推荐品牌：优乐彼（Ulebbe，本书使用品牌）、法卡勒（1代、2代）均可。**其他品牌：**凡迪、TOUCH、斯塔、AD、犀牛、COPIC、艾尔斯等，当然还有很多新品牌的马克笔，可以多进行尝试。

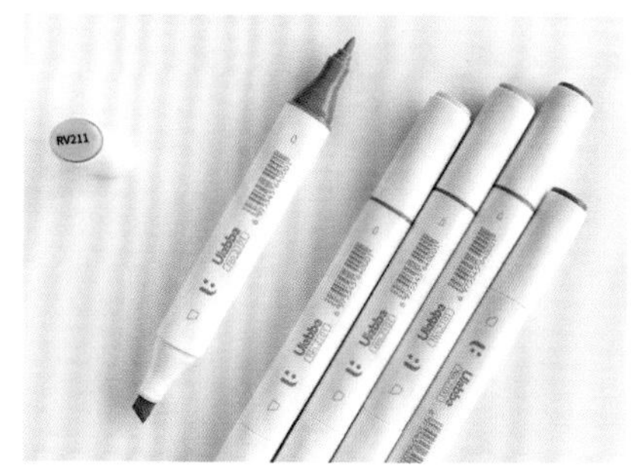

（优乐彼马克笔·本书使用品牌）

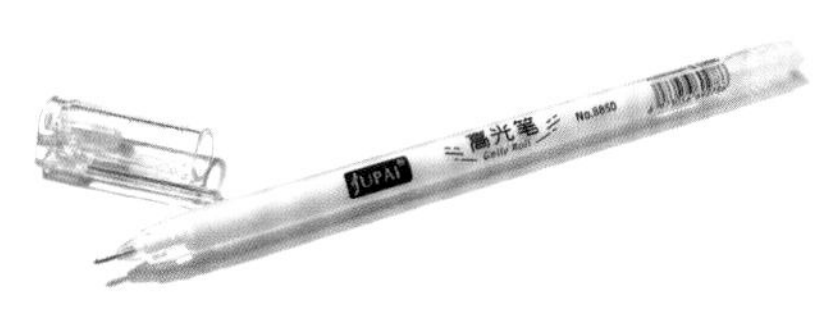

（优乐彼高光笔 · 本书使用品牌）

高光笔

绘图辅助工具，用于局部提亮，推荐品牌：优乐彼、樱花。不同粗细的笔尖可以绘制出不同的质感，其他品牌大家也可以自行尝试。

（捷克酷喜乐彩铅 · 本书使用品牌）

彩铅

作为色彩过渡的工具，其笔触具有独特的磨砂质感，也可用来快速绘制设计草图。推荐品牌：马可、辉柏嘉、捷克酷喜乐。本书教程中使用的彩铅为捷克酷喜乐（KOH-I-NOOR HARDTMUTH）。

（马利 48 色色粉 · 本书使用品牌）

色粉

作为辅助上色的工具，适合做大面积的环境色铺色，具有独特的画面质感。推荐品牌：马利（Marie's）。

2.2 线条技巧及控笔练习

2.2.1 绘图坐姿及握笔姿势

正确的绘图坐姿需要挺直腰，身体略前倾，不要伏在桌面上，避免胳膊活动受限。手绘表现的握笔及运笔姿势有一定的规律可循，但不是严格规定，可根据个人习惯自行选择，书中介绍仅供参考。

握笔时，右手虎口朝上，手距离笔尖4.5cm左右为宜，不要握得太低，避免遮挡视线。建议拇指不要压住食指，握笔要放松自然。

绘图时，笔尖与纸面接触角度不宜过大，建议45°左右为宜。

运笔过程中，无论绘制什么方向的线条，笔杆都要与所画直线保持90°角，线条无论长短，都必须流畅，运笔时以肩膀作为轴，手腕保持不动，手臂平移画线。

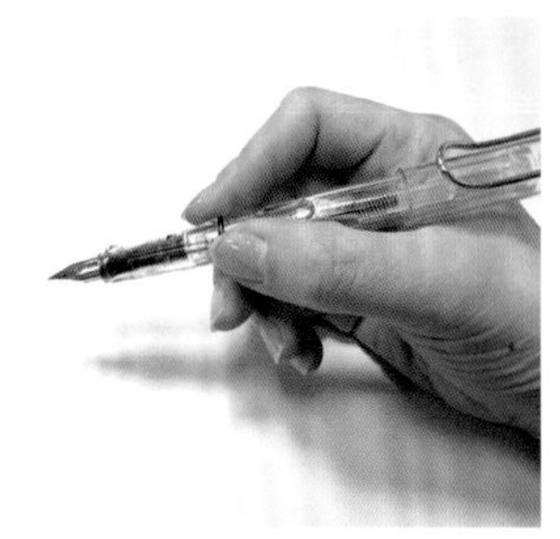

握笔姿势

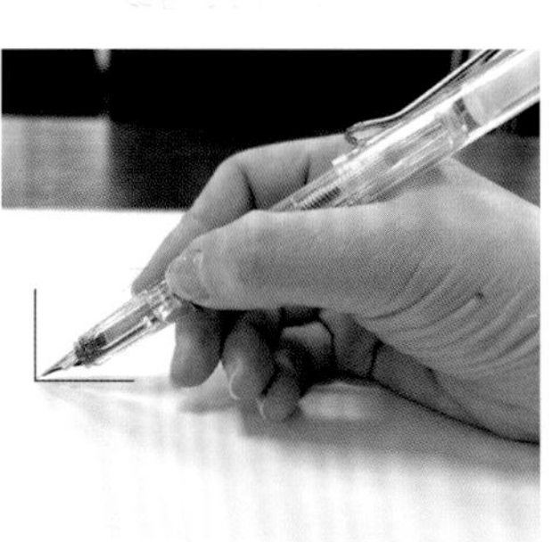

笔尖与纸面的接触角度

2.2.2 线条技巧练习

线条大致可分为以下两个练习阶段。

（1）第一阶段：自由线条

不限制方向、长度的线条，主要练习绘图时自然、放松的感觉，不要有太大的心理压力。

线条分类：横线、竖线、抖线、斜线、扫线、弧线、曲线。

① **横线：**最基础的线条之一，运笔时讲究起笔、运笔、

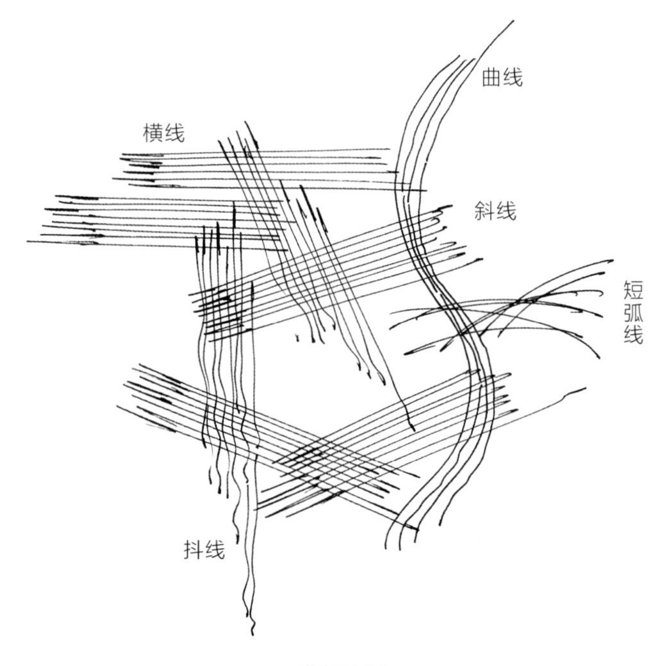

线条绘制

收笔三个过程。起笔要快、运笔要肯定、收笔要稳，起笔、运笔、收笔要保持在同一条直线上，线条两头重，中间轻，线条要肯定，运笔要放松。

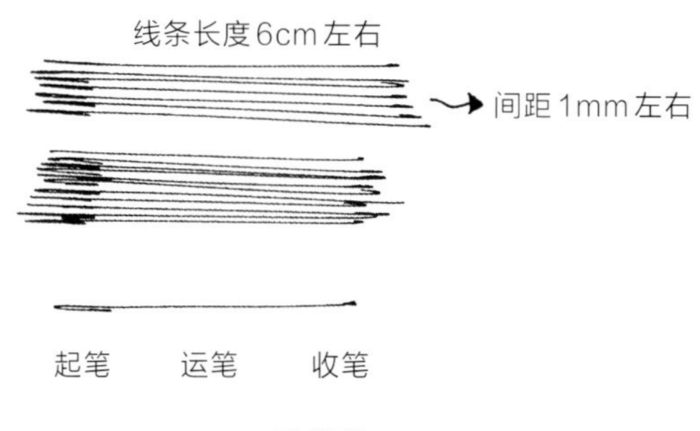

横线练习

②**竖线、抖线**：是常用的垂直方向的线条。绘制垂直方向的竖线时容易画歪，故略长的线条会用抖线（慢线）来画，这样有利于保证竖向线条的垂直。要注意线条尾部的收笔，应让线条看起来更有力道。如果需要绘制更长的线条，可以通过绘制抖线，并用断点连接的方法来表现，断点的间隙一定要小，以保证线条的流畅性。

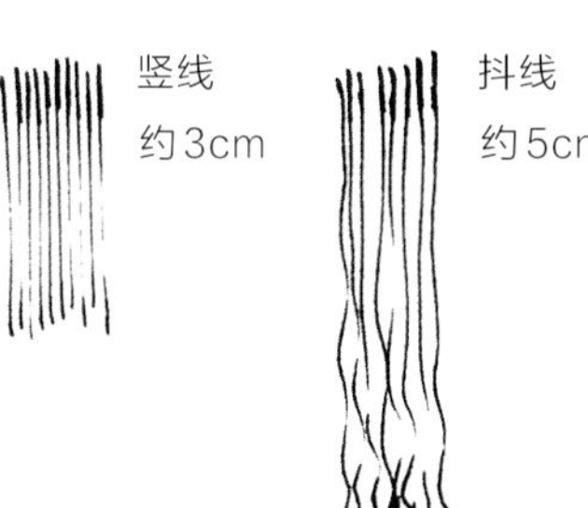

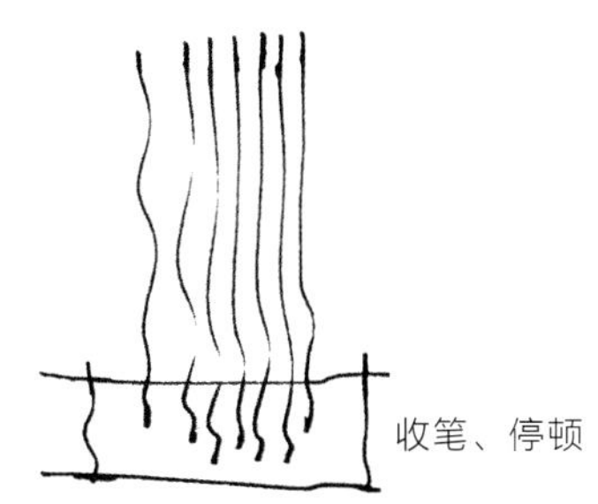

竖线、抖线练习

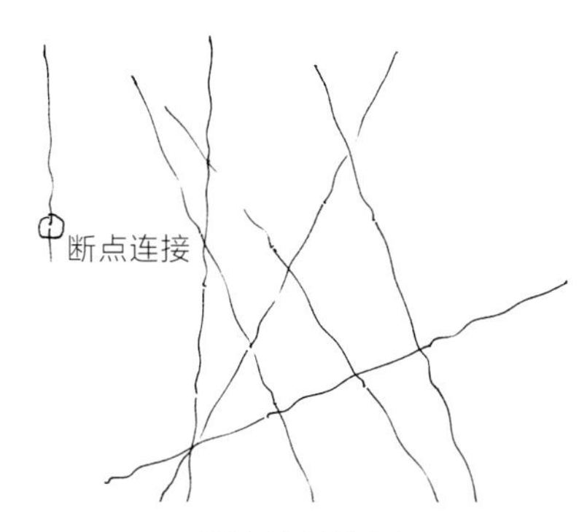

断点连接练习

③**斜线**：任意方向线条的绘制技巧同横线，要注意线条间的搭接方式，两头加重的部分互相交叉。

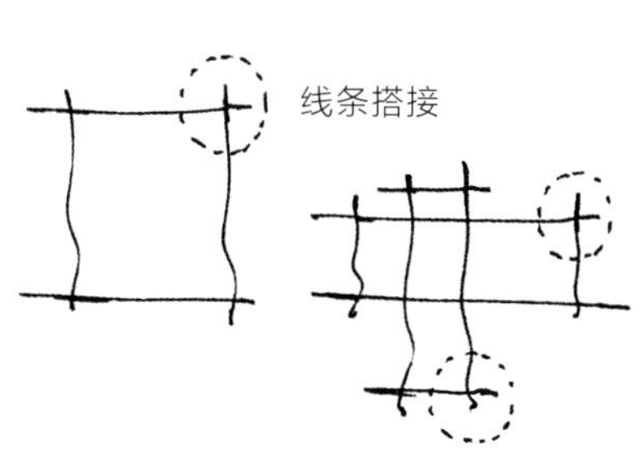

线条搭接练习

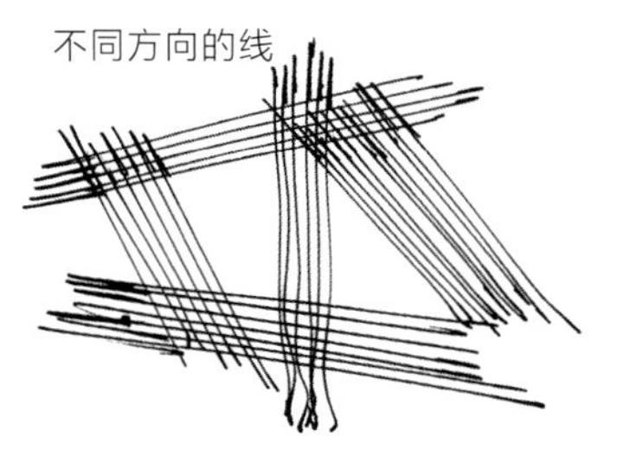

斜线练习

④ **扫线**：不需要刻意起笔、收笔，作为一种可灵活表现的线条，通常用于绘制阴影线及投影部分。

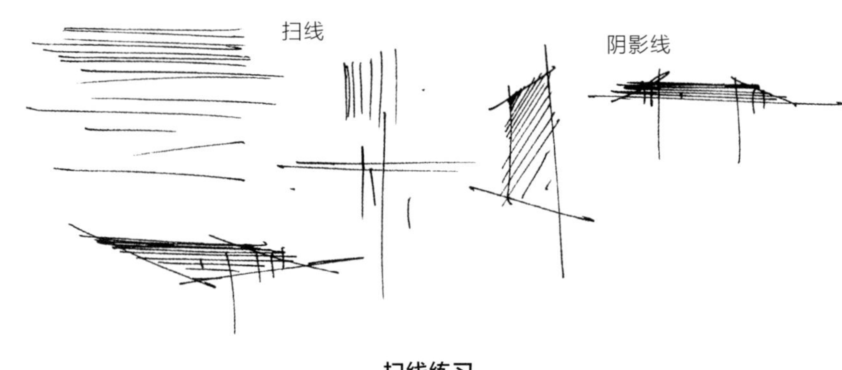

扫线练习

阴影排线方向

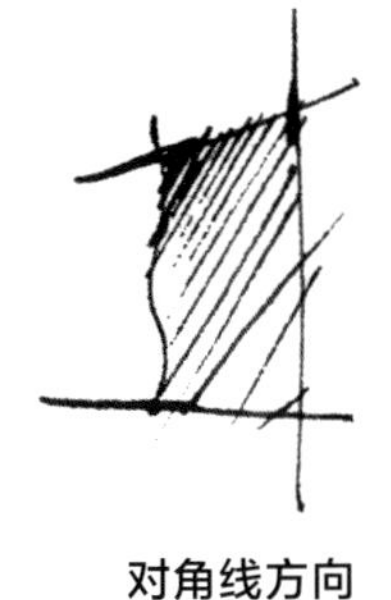

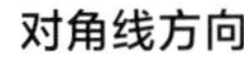

对角线方向

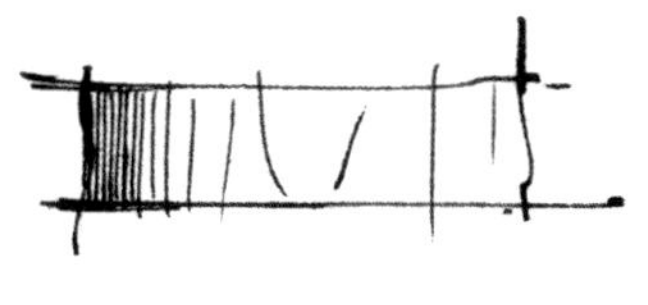

沿较短的方向

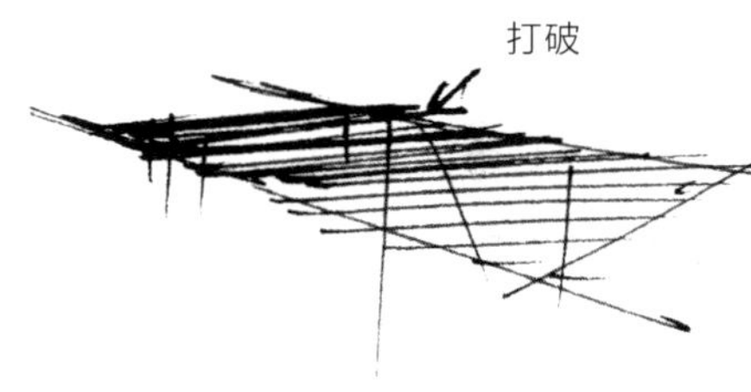

沿透视方向或水平方向（投影）

阴影错误画法

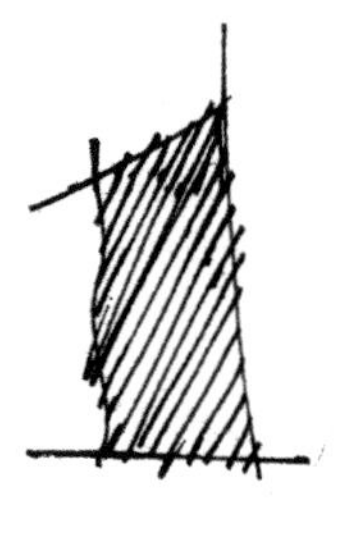

线条太实

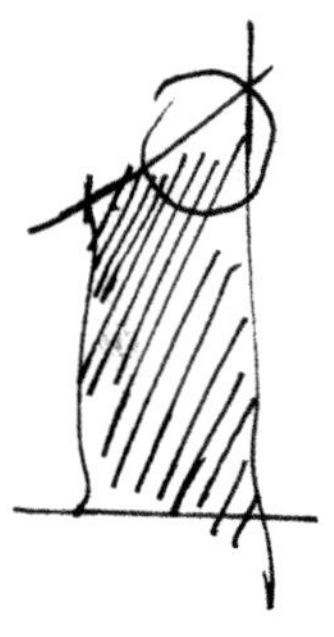

线条画不到边缘

线条连笔，太乱

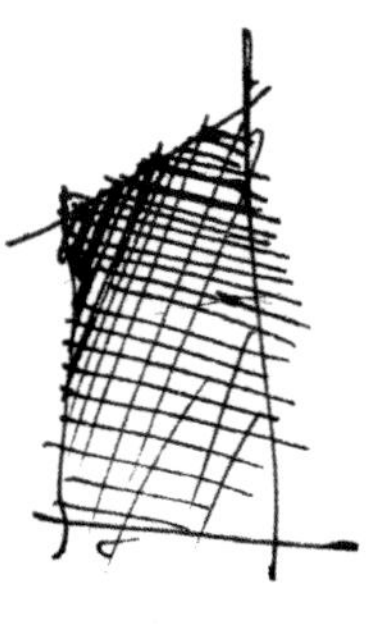

线条交叉

⑤ **弧线**：有起笔、收笔的弧形线条，运笔技巧同直线的画法，可用于单体的绘制。

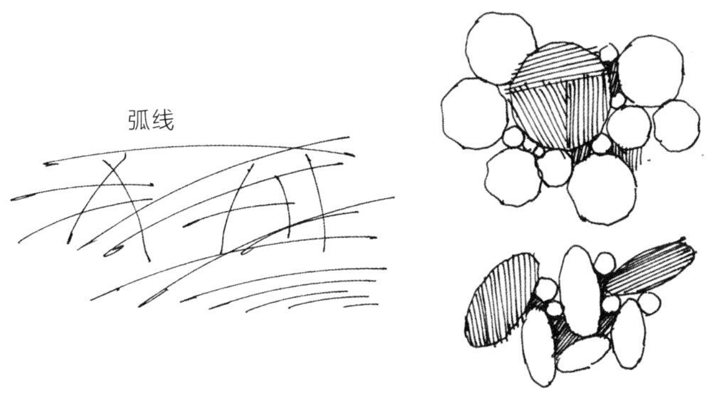

弧线练习

⑥ **曲线**：画曲线的过程中，运笔一定要稳，弧度较大、较复杂的曲线可以用断点连接的方法去画，整体线条流畅即可，如曲线道路、带有弧线的室内吊顶等。

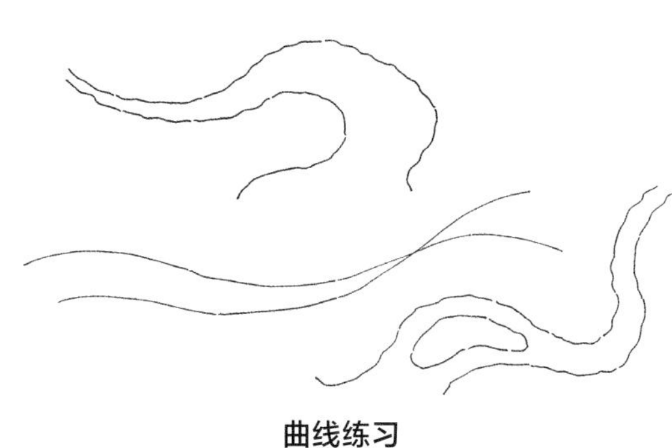

曲线练习

（2）第二阶段：定点画线

本阶段的练习是为后期徒手绘图打基础，有利于快而准地掌握画面透视关系。

定点画线是用两点连线的方法，练习规定方向的线条，可以结合一些平面形态练习对线条的控制能力。

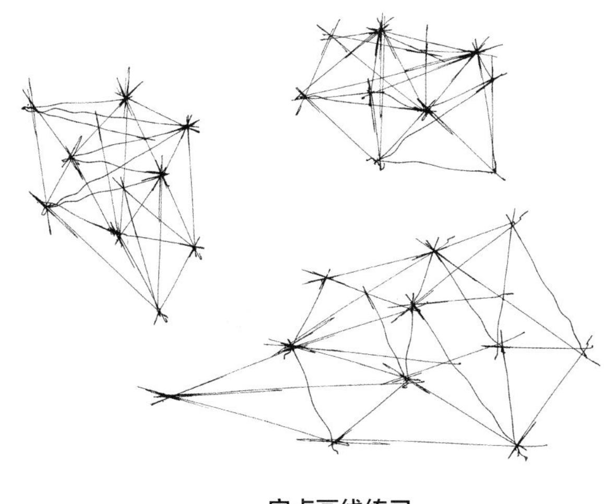

定点画线练习

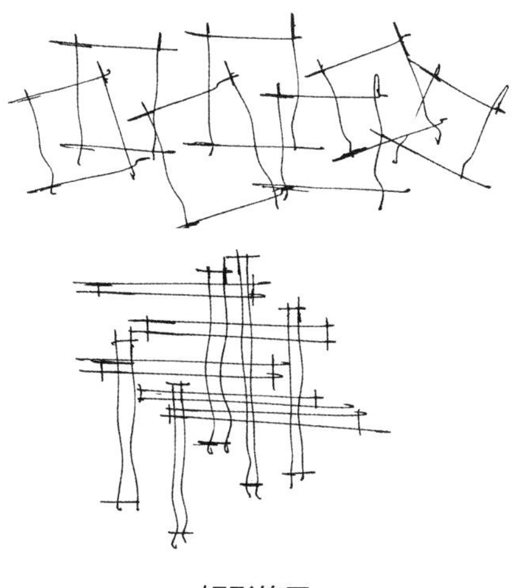

矩形练习

结合矩形框，练习不同长度、方向的线条，建议徒手练习，不要借助尺规，以训练徒手画线的准确度。

不同线条组合练习

2.3 透视原理和几何体块练习

2.3.1 常用透视概念

将基本线条的绘制方法掌握熟练之后，接下来这步就是让很多同学头疼的透视问题，我们先来熟悉一下画图过程中常用到的透视概念。

视点（S）：指人眼睛所在的位置。

视平线（HL）：指与视点同高的假想中的一条水平线。

灭点（VP）：在视平线上，空间中所有互相平行的线在无限远处都会消失于一点，这个点就是灭点。

地平线：指无限远处天地相接的一条水平线，画室外空间才会用到。

2.3.2 透视种类

绘图过程中常见的几种透视。

（1）一点透视

一点透视又称平行透视，其特点可简单概括为：横平竖直、消失于一点。

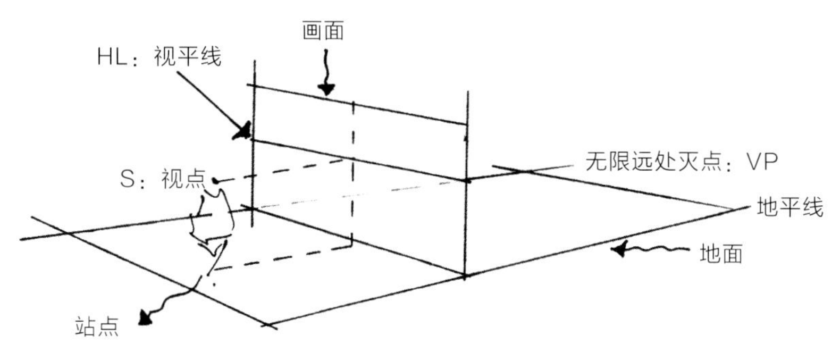

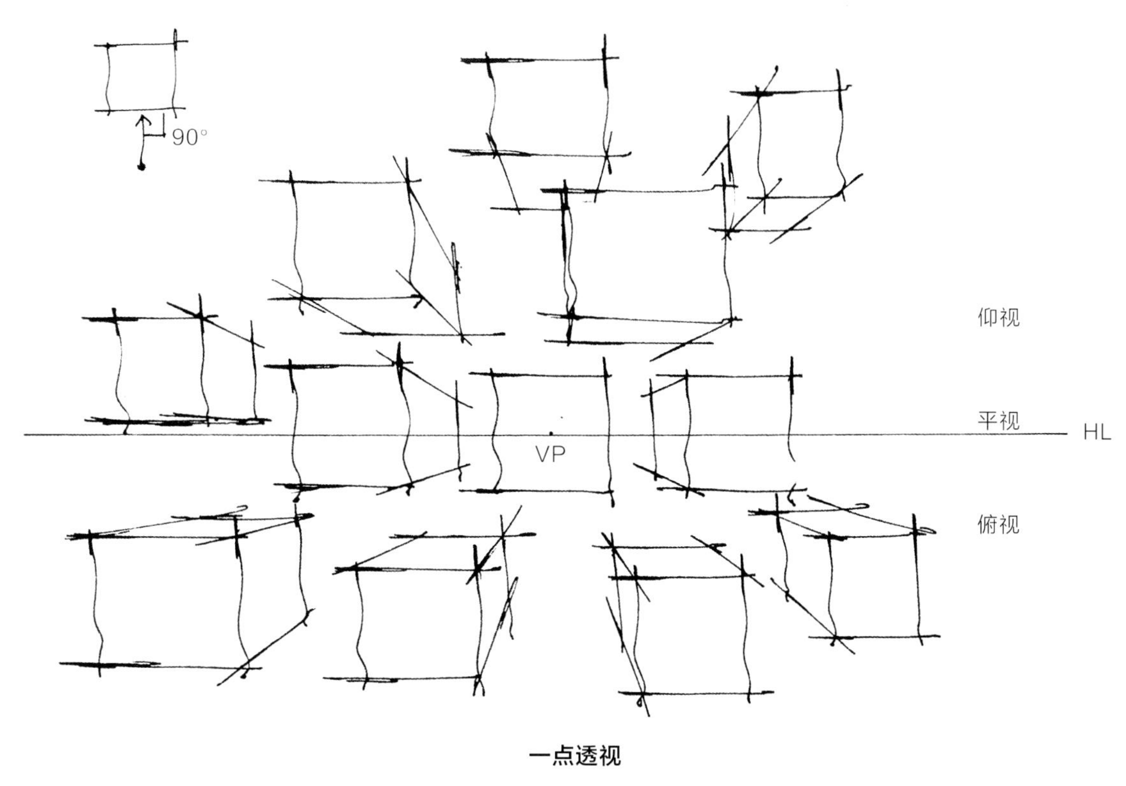

一点透视

一点透视扩展练习

在一点透视立方体的基础上，进行简单的切割变化，增加光影关系及投影，塑造更丰富的质感。

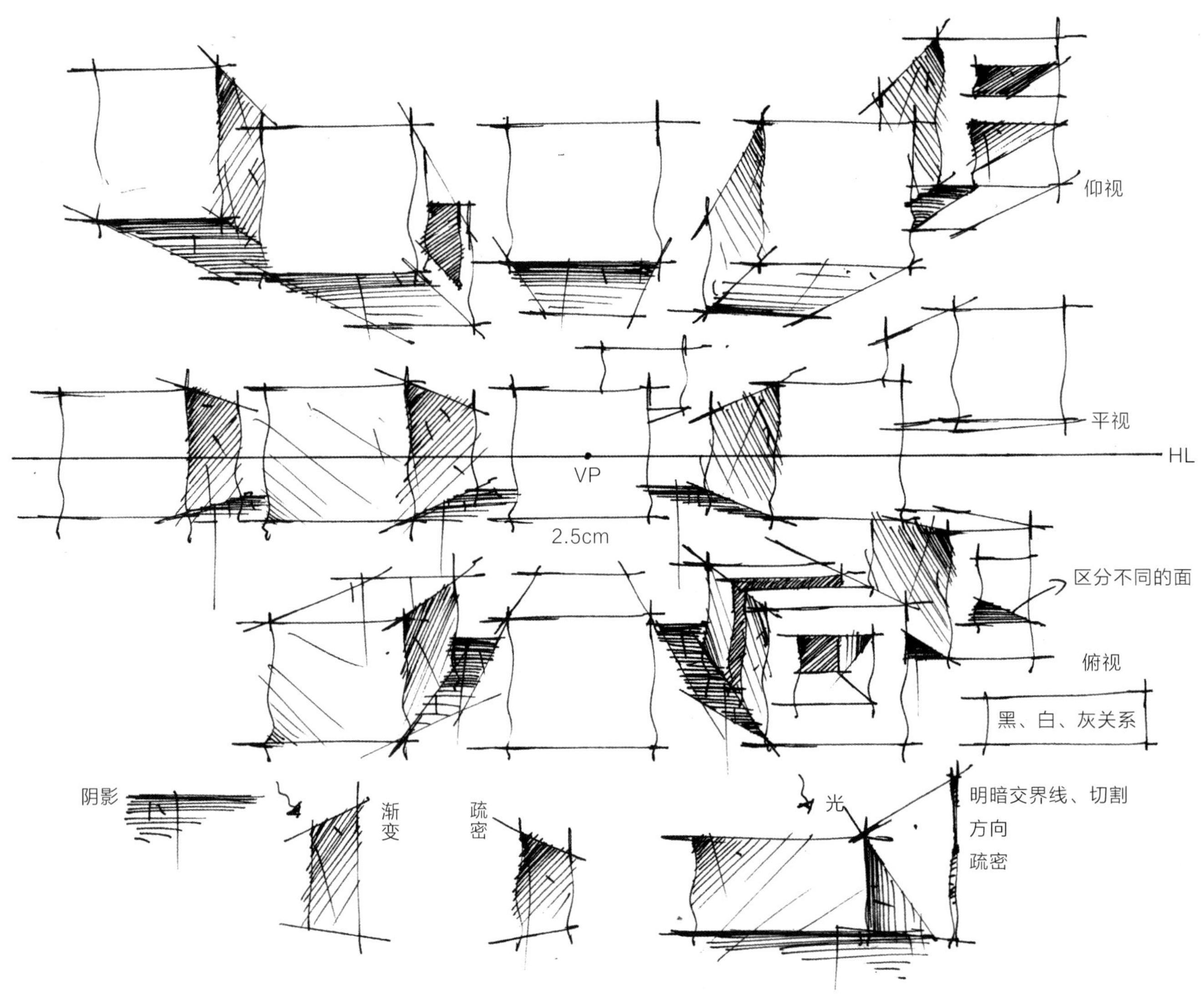

一点透视立方体练习

（2）两点透视

两点透视又称成角透视，其特点为两个灭点消失在同一条水平线（即视平线）上。

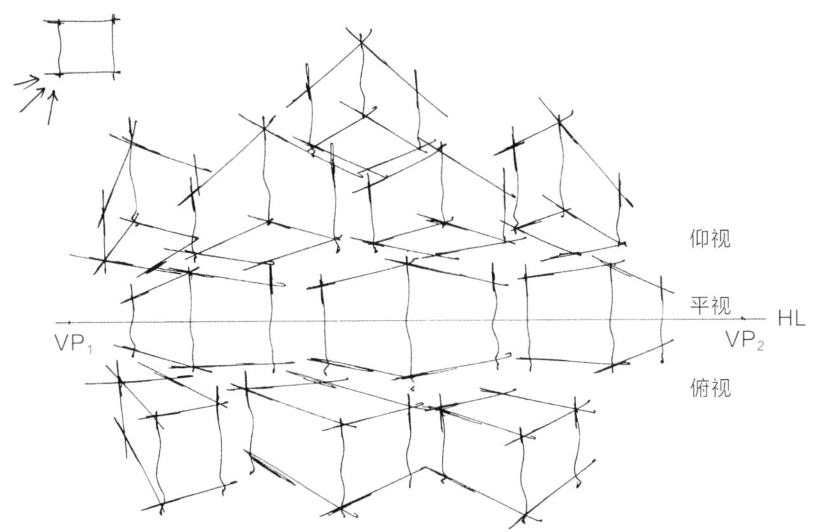

两点透视

两点透视扩展练习

用同样的方法，对立方体进行简单的切割变化，增加光影关系及投影，塑造更丰富的质感。

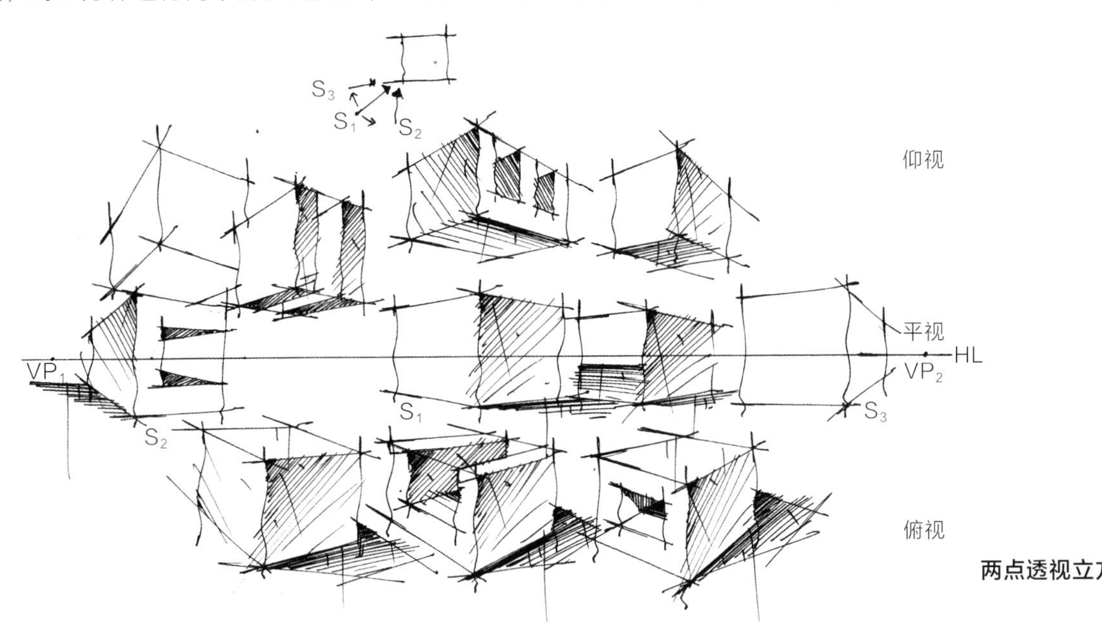

两点透视立方体练习

（3）三点透视

即在两点透视的基础上，增加了竖直方向的透视，根据视角不同，又分为仰视和俯视两种。在绘制超高层建筑时会用到，一般情况下用不到，了解即可。

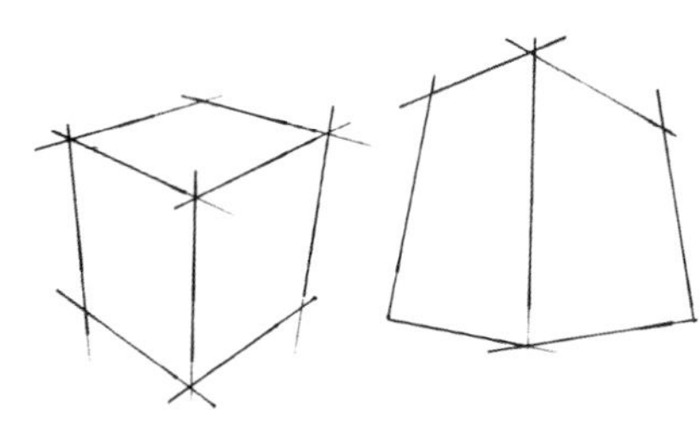

三点透视

（4）复杂的几何体透视

在实际方案设计中，并不是所有的案例都是矩形构图，更多的是由折线、曲线或多种元素穿插构成，此时，透视就不再是纯粹的一点透视或两点透视。

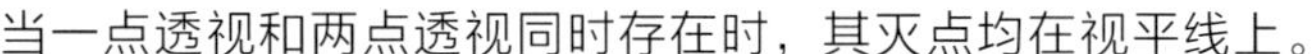

当一点透视和两点透视同时存在时，其灭点均在视平线上。

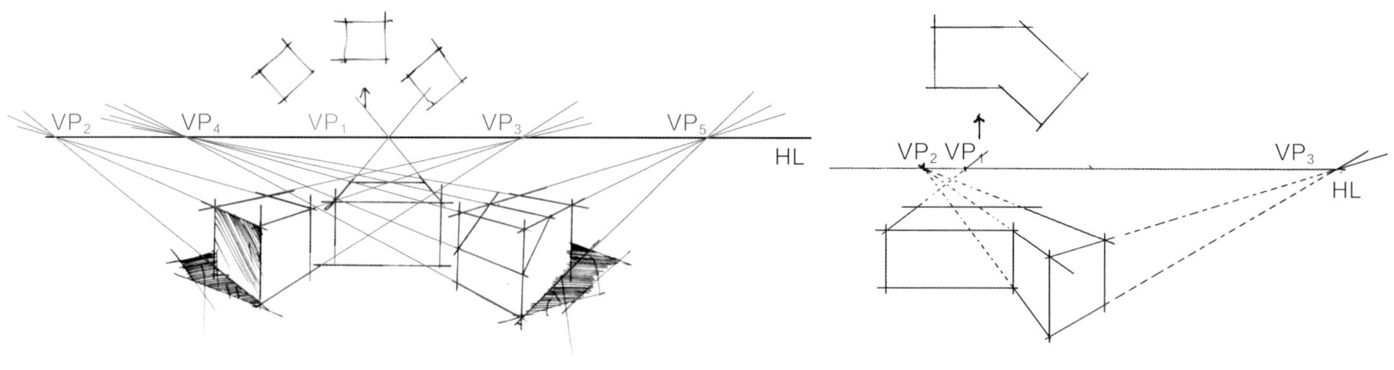

复杂的几何体透视

如遇到坡屋顶等斜切面，可以先绘制标准立方体，用切割法画出斜切面，使斜切面两侧的线条消失于灭点。

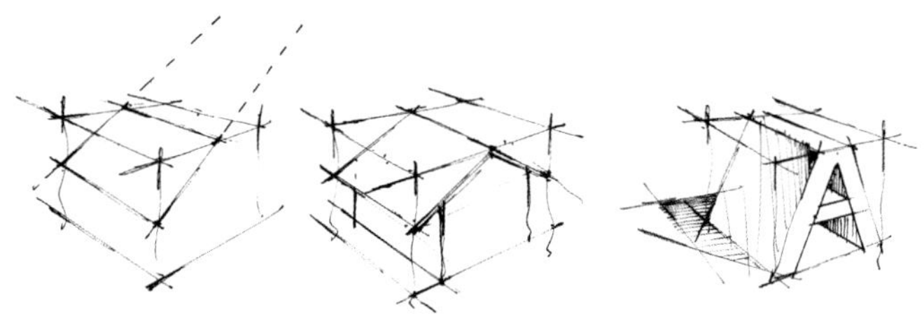

斜切面

绘制不规则休闲座椅组合时，远处单体的顶面应尽可能压平。

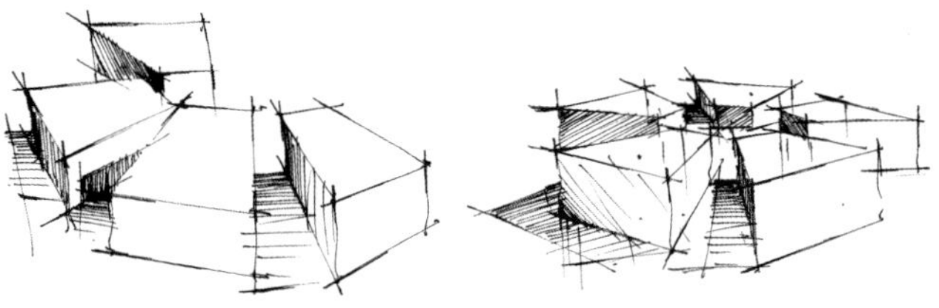

不规则休闲座椅组合

圆形在平面中呈现为在水平方向压扁的形式，如在立面，则在竖直方向压扁即可。如绘制室内的弧线吊顶，则弧线的远处应尽量压平，向视平线处接近即可，包括地面的弧线铺装样式、弧线的家具布局等，越往远处越压平即可。

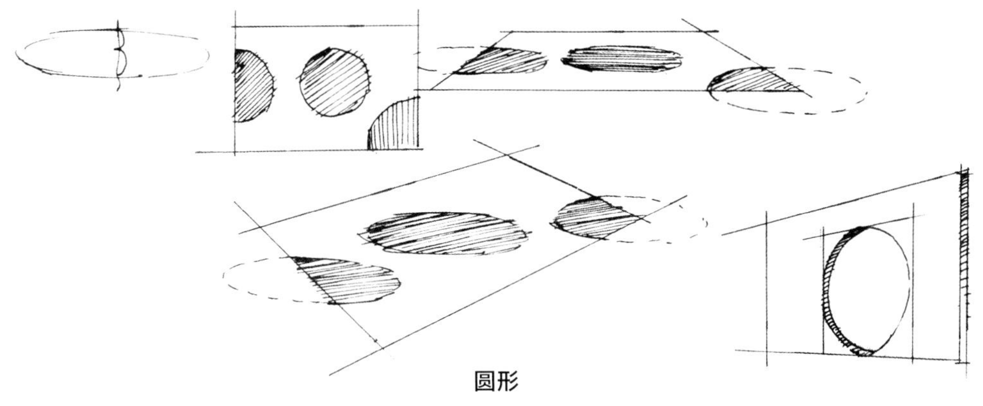

圆形

室内的弧线

由此，我们可以总结出以下4个透视规律。

① 近大远小。

② 空间中互相平行的线一定消失于同一个灭点。

③ 与地面平行的线，灭点一定在视平线上。

④ 曲线、折线等不规则形态应尽量压平，无限趋向视平线。

2.3.3 几何体块透视练习

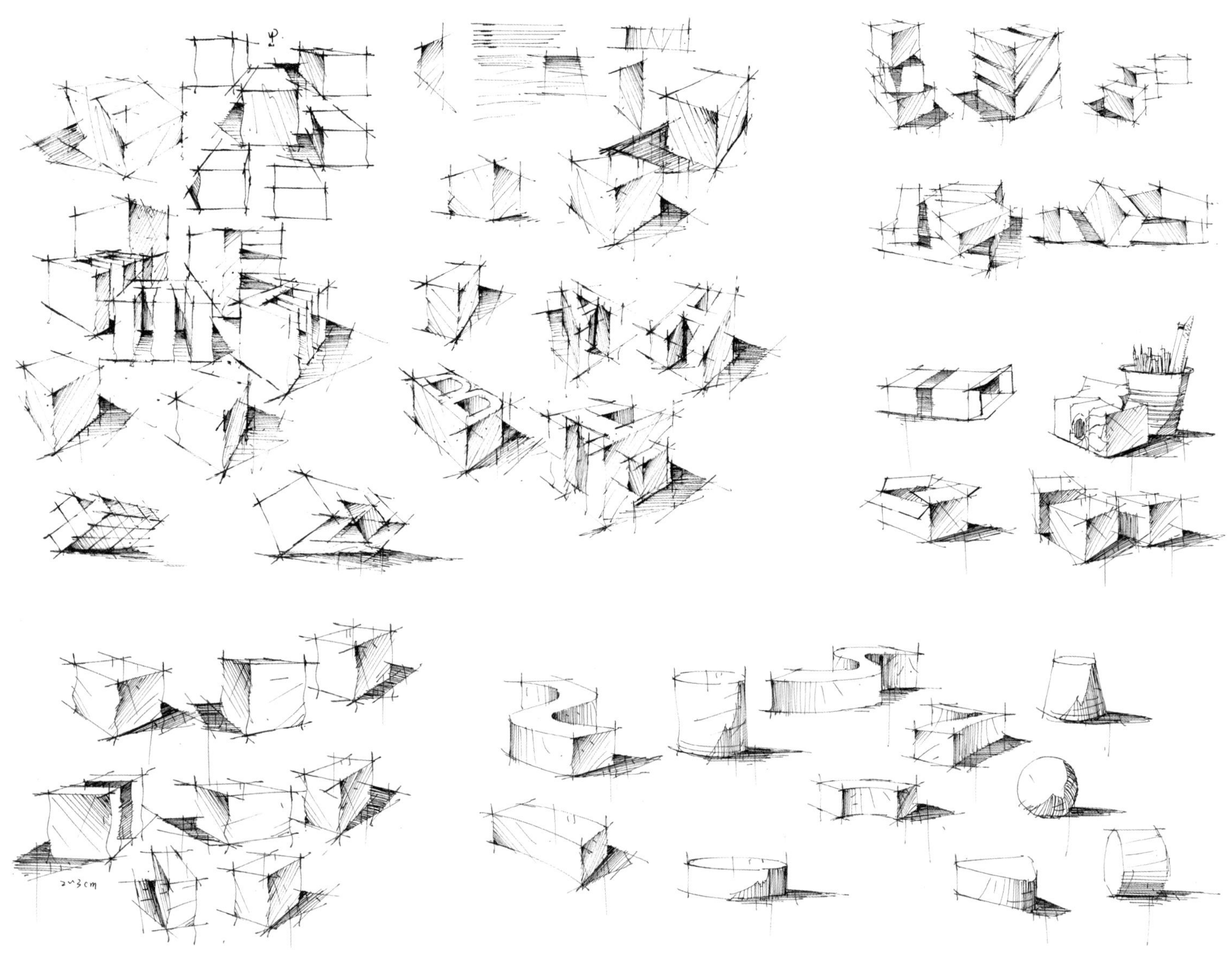

2.4 上色笔法及技巧讲解

作为设计手绘的主要上色工具，马克笔具有上色快捷，色彩饱满、易叠加的特点，且易于在短时间内掌握上色技法。在此提醒各位读者，这里的马克笔仅作为表达设计意图的工具，而非创作艺术作品，故练习时不要有过多的压力，轻松学习，掌握其工具特性即可。可依据个人喜好及习惯自行深入探索，发掘马克笔的奇妙之处。

推荐一套自用基础配色，景观、建筑、室内通用。可根据个人习惯选择。

马克笔配色推荐（优乐彼）

2.4.1 马克笔基本笔触

下面我们先来熟悉一下马克笔的特点，通常我们会使用大头，马克笔大头的切面会比较多，试着旋转笔头画出不同粗细的笔触。

熟悉马克笔的笔头之后，我们来学习几种常用的马克笔笔触。

① **点**：马克笔笔头有多个切面，运笔时握笔要灵活，下笔要有弹性，从而形成多种大小不同的点，用于活跃画面，切忌刻意点太多的笔触。

② **排线**：是最常用的笔触之一，运笔类似前面讲到的画线方法。将笔头压到纸面上，但不要过于用力，快速且轻盈地运笔，寻找笔头在直面上轻轻扫过的感觉，这样笔触会比较清透且均匀，不需要过重地起笔和收笔，此种笔法适合用来表现大面积铺色。

③ **扫笔**：排线运笔的同时快速提笔，扫笔笔触较为柔和，能够一笔画出由深到浅的渐变，适合过渡色彩等方面的应用。

④ **揉笔**：适用于画天空、植物、阴影等，是一种更为灵活的笔触技法。

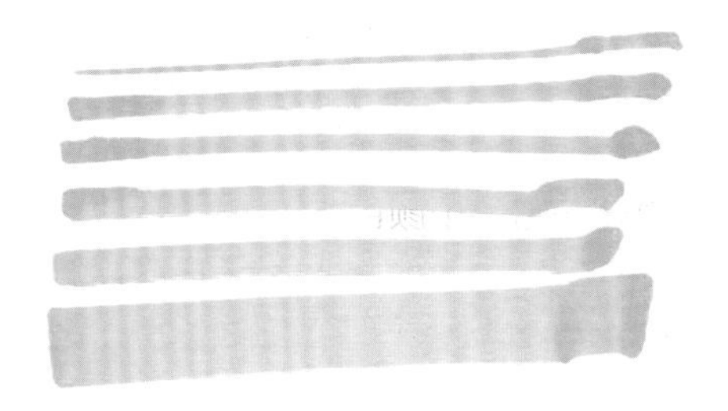

扫笔练习

揉笔练习

笔触练习

点练习

排线练习

小贴士

马克笔上色最突出的特点就是运笔要轻、快、稳、肯定，在分析画面之后，运笔上色不要犹豫，否则画面会“糊”。如图所示，下面两种笔触即颜色过于饱和、不清透，且顿挫感较强、不均匀，不建议使用。

错误的排线

⑤ **干画法和湿画法：** 马克笔的笔触叠加有干画法和湿画法两种，两种风格不同，大家可根据个人习惯进行练习。

a. **干画法：** 笔触干净、利索、清晰，以排线、点、扫笔等笔触为主，笔触界限明确，质感强烈，通常待第一层颜色晾干后再叠加另一个颜色。

b. **湿画法：** 笔触温润柔和，以揉笔技法为主，笔触之间没有明显界限，过渡自然，通常趁第一层颜色未干时尽快进行另一个颜色的叠加。

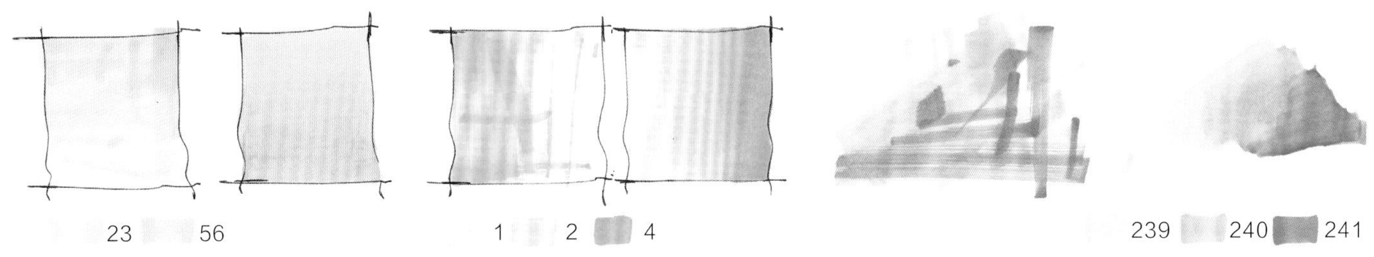

干画法和湿画法的对比效果

2.4.2 马克笔表现技巧

结合不同的笔触类型，如排线、扫笔、点等，组合出不同的搭配样式，练习马克笔的随意性与放松感。

① **单色叠加：** 马克笔的色彩易于叠加，单支笔排线叠加2~3层颜色，就可以画出层次渐变的效果。可以结合点、排线等笔触，刻画更为灵活生动的画面效果。如图所示，可以试着去叠加不同笔触以达到不同的画面效果。

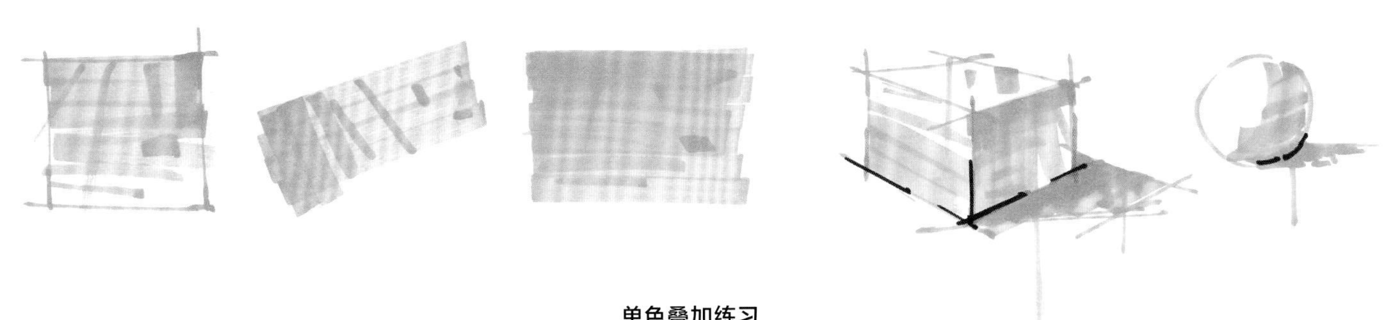

单色叠加练习

马克笔的使用方式并不唯一，不同的手绘习惯绘制出的效果风格迥异，大家可以多做练习，勇于探索和尝试。

其他笔触叠加练习

② **同色系叠加：**马克笔的色彩较为丰富，通常会有几个固定的色系，同色系可以相互叠加，画出层次渐变更为丰富的画面。常见的色系有冷灰、暖灰、蓝灰、紫灰、暖绿、冷绿、蓝、木色等。可以使用同色系的不同颜色，结合丰富的笔触变化，来练习色块的叠加搭配。同色系通常有固定的颜色，后期也可自行搭配。

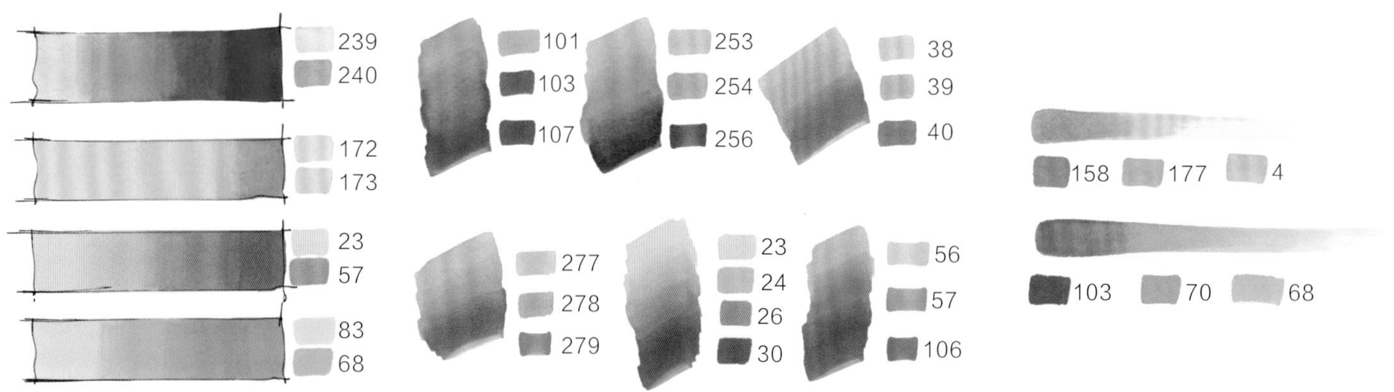

湿画法的同色系叠加溶色效果

③ **不同色系叠加：**可以画出比较梦幻的渐变效果，具体的应用范围依实际场景而定。此种方法仅作为熟悉马克笔特性及颜色的一个过程。

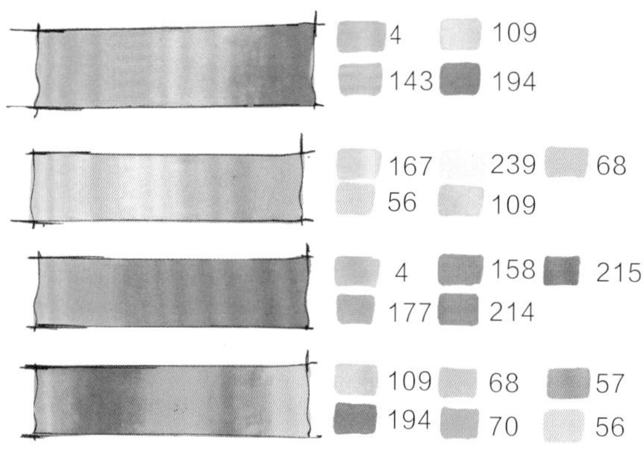

湿画法的不同色系叠加溶色效果

2.4.3 彩铅表现技巧

彩铅：作为马克笔的辅助工具，可以起到很好的过渡作用，马克笔叠加彩铅的笔触质感，可以让画面更丰富。这里选了12个常用的色号，供大家参考学习。

彩铅使用的技巧不是很多，熟悉其特性即可。不同力度可以画出不同深浅的颜色。

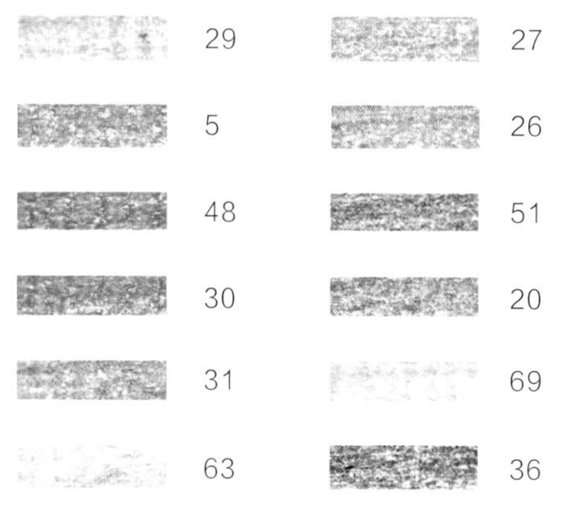

彩铅配色推荐（捷克酷喜乐）

彩铅上色笔触

2.4.4 几何体块上色

立方体上色是所有上色练习的基础，只有把最简单的形体表达明确，后续的单体及大场景上色才能融会贯通。首先判断明暗面，确定出明暗交界线。迎光面渐变式排笔，注意留白；暗部排笔加重，注意笔触的叠加和留白，不要把画面涂满，通过笔触的叠加增加画面层次感；地面投影压重，注意与背光面的明暗对比。单色立方体上色练习，可以准确地训练立方体黑、白、灰的对比关系。

如图所示，通过笔触的叠加，强调各个明暗交界线。

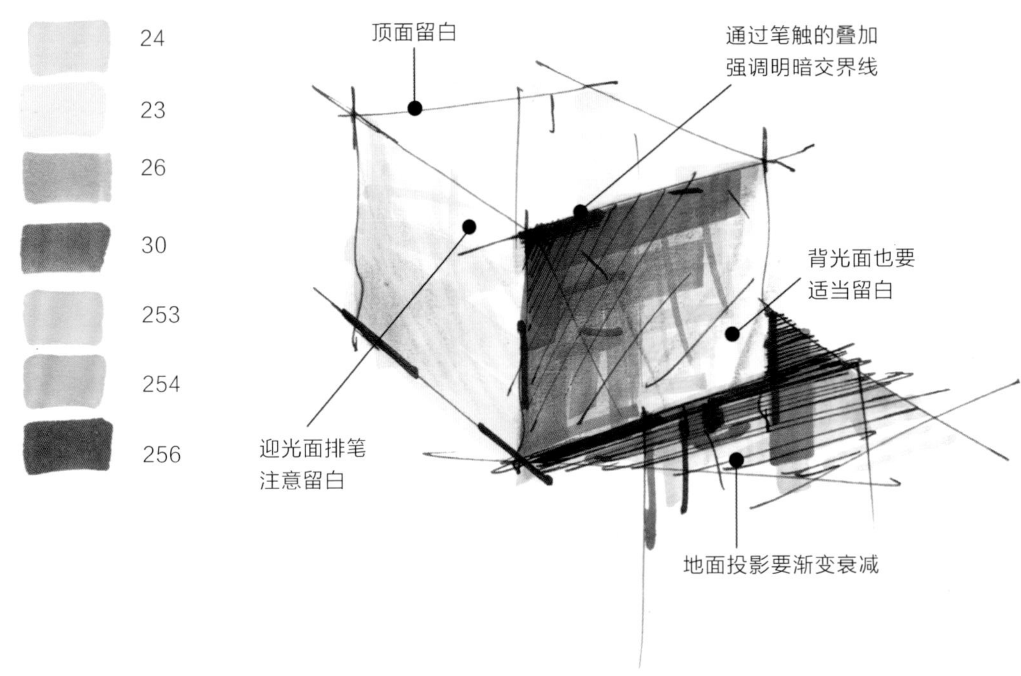
24
23
26
30
253
254
256
顶面留白
通过笔触的叠加
强调明暗交界线
背光面也要
适当留白
迎光面排笔
注意留白
地面投影要渐变衰减

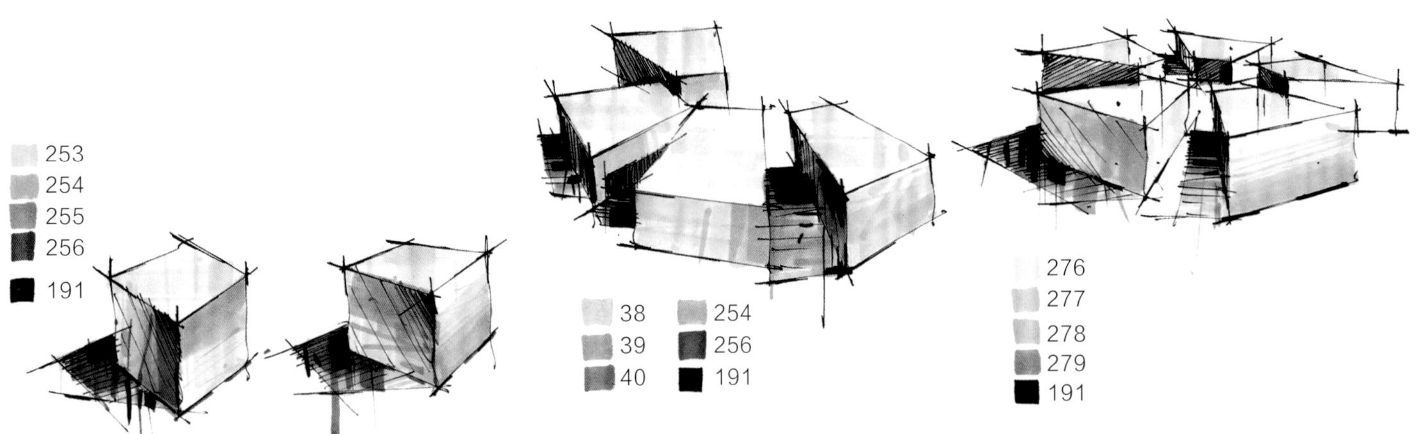
253
254
255
256
191
38
39
40
254
256
191
276
277
278
279
191

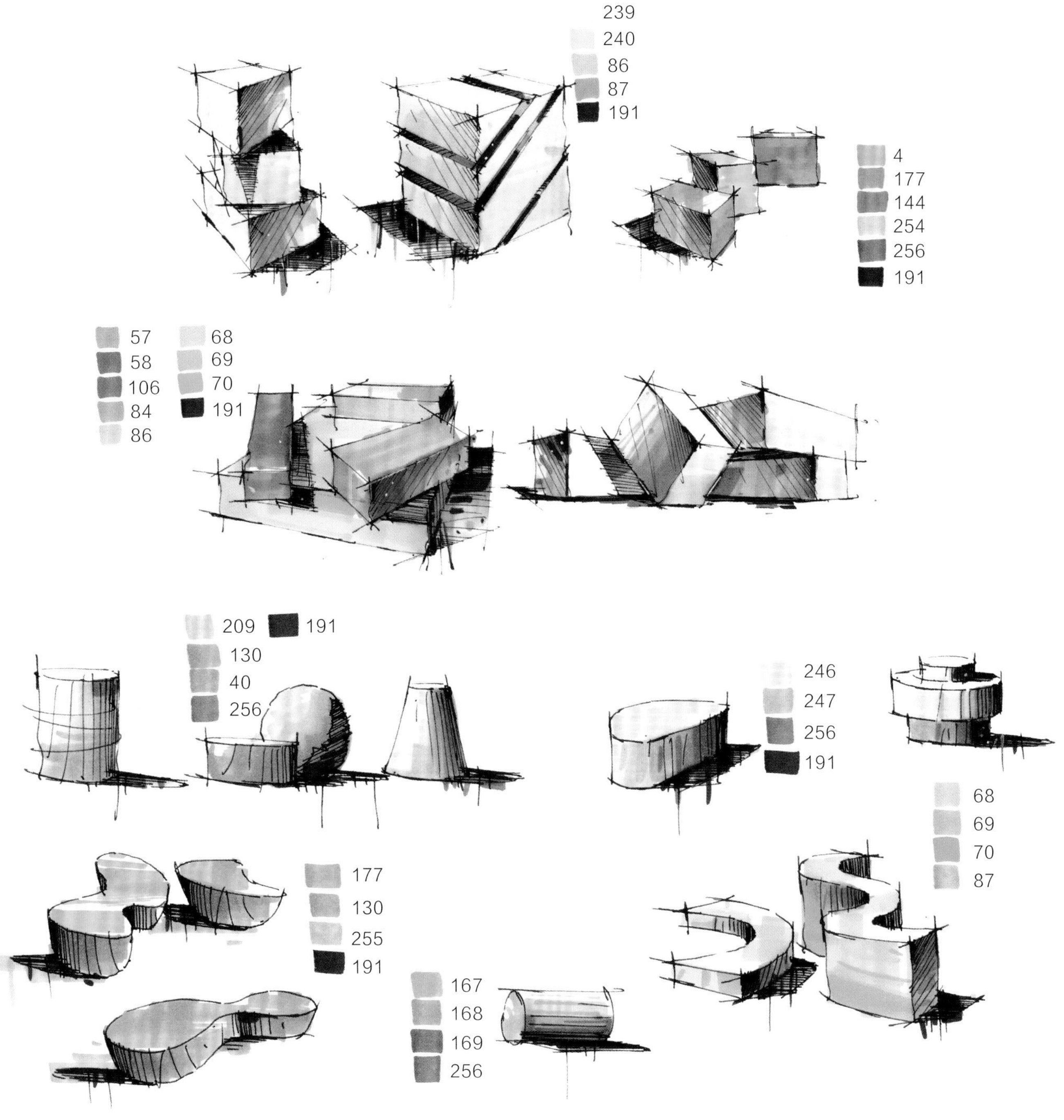
239
240
86
87
191
4
177
144
254
256
191
57
58
106
84
86
68
69
70
191
209
191
130
40
256
246
247
256
191
68
69
70
87
177
130
255
191
167
168
169
256

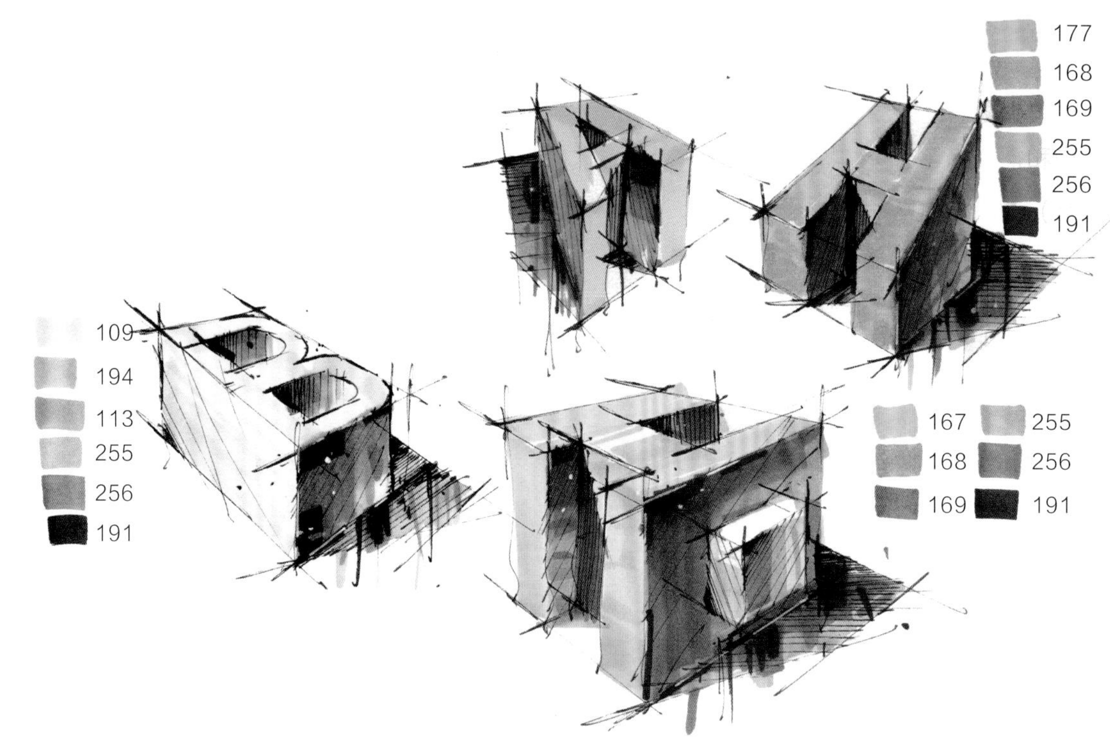

2.5 室内空间比例、尺度及构图美感提升技巧

普遍痛点1：如何快速推演空间的比例和尺度，相信是很多同学纠结的问题，空间家具尺度失衡，改来改去还是不舒服，那么有没有规律可以让我们一遍就画好，避免反复修改呢。

普遍痛点2：在解决了空间的比例和尺度的问题之后，很多同学又会发现透视、灭点、比例、尺度都对了，为什么画面还是看着不舒服，或者画面内容已经很多了，为什么感觉还是空、不丰富。这里就涉及画面的构图技巧，例如画面的视角是否更有代入感，画面视觉冲击力是否更大，画面的层次感是否更丰富。

基于以上两点，我们来总结一下室内空间的比例、尺度及构图的普遍性规律。

2.5.1 室内空间的比例和尺度技巧

手绘构图往往与肉眼看到的原实景图或原图片不同。图片是满构图，更多的是人的站立视角，而我们改绘画面时往往会做一定的艺术留白和视线调整。手绘图的视平线高度通常在900～1200mm，为了更好地总结规律，此处默认视平线高度为1m（1000mm），作为整张图纸的参考比例，这样可以更快捷地推算其他单体尺度，特殊场景特殊处理即可。

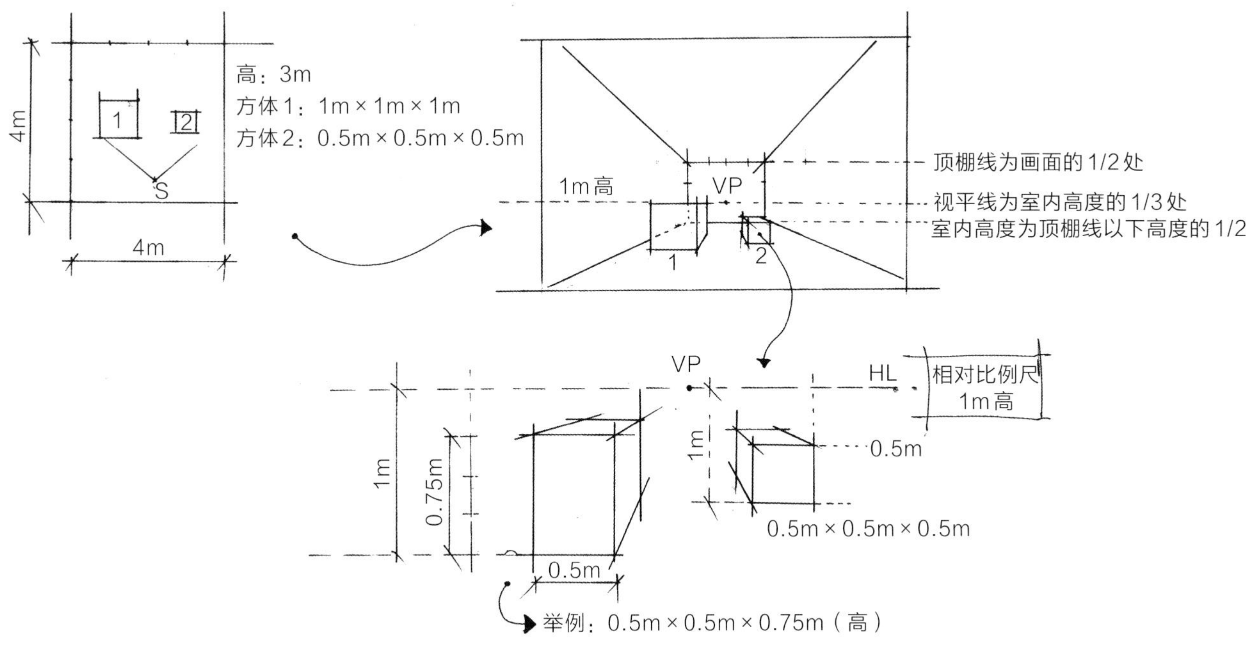

2.5.2 空间构图形式

下面介绍常见的空间构图形式，以及错误和不推荐的构图形式。

（1）一点透视

横平竖直，能看到空间顶、地、左、右、前五个面。

家装空间常见高度多为3m左右，视平线可设置在画面下方的1/3处，工装空间的举架高度略高，可根据实际情况适当抬高顶棚线或压低视平线，但视平线高度尽量控制在1m。

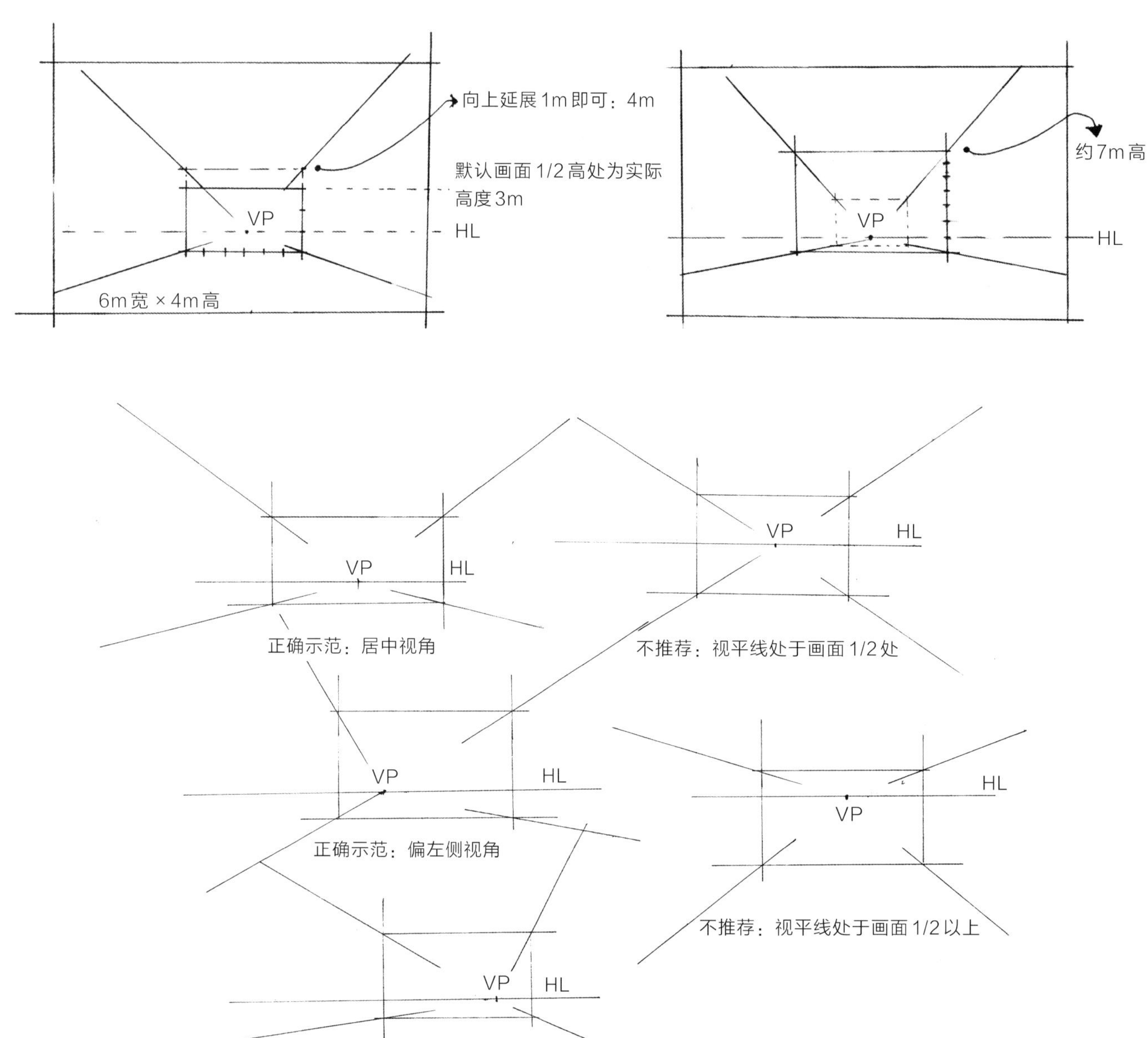
向上延展1m即可：4m
默认画面1/2高处为实际
高度3m
VP
HL
6m宽×4m高
约7m高
VP
HL
VP
HL
正确示范：居中视角
VP
HL
不推荐：视平线处于画面1/2处
VP
HL
正确示范：偏左侧视角
HL
VP
不推荐：视平线处于画面1/2以上
VP
HL
正确示范：偏右侧视角

（2）两点透视

除了顶面和地面，还能看到空间左右两个面。

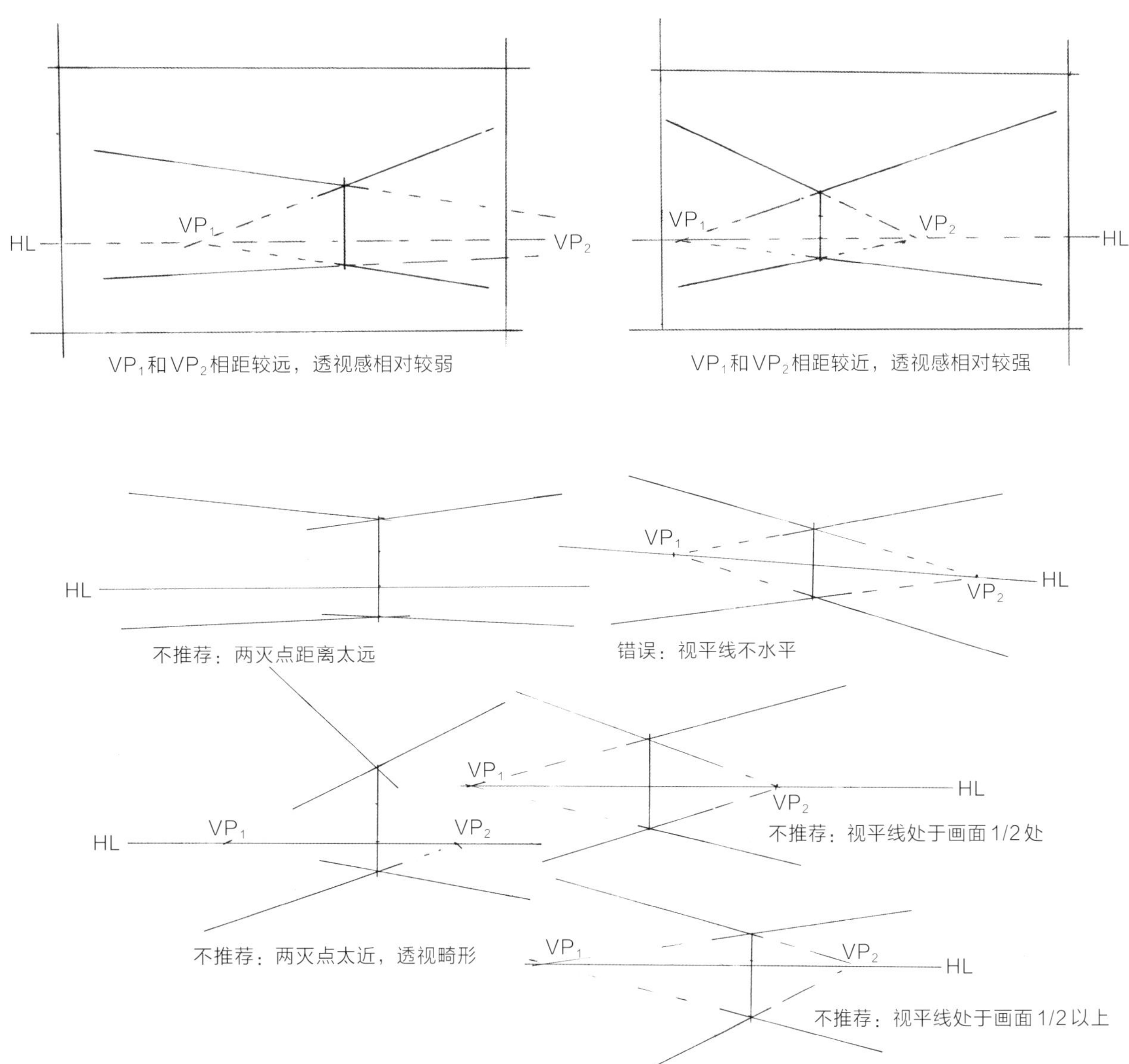

(3)一点斜透视

介于一点透视与两点透视之间，同样能看到顶、地、左、右、前五个面。有两个灭点，一个灭点在画面内，另一个在画面外。

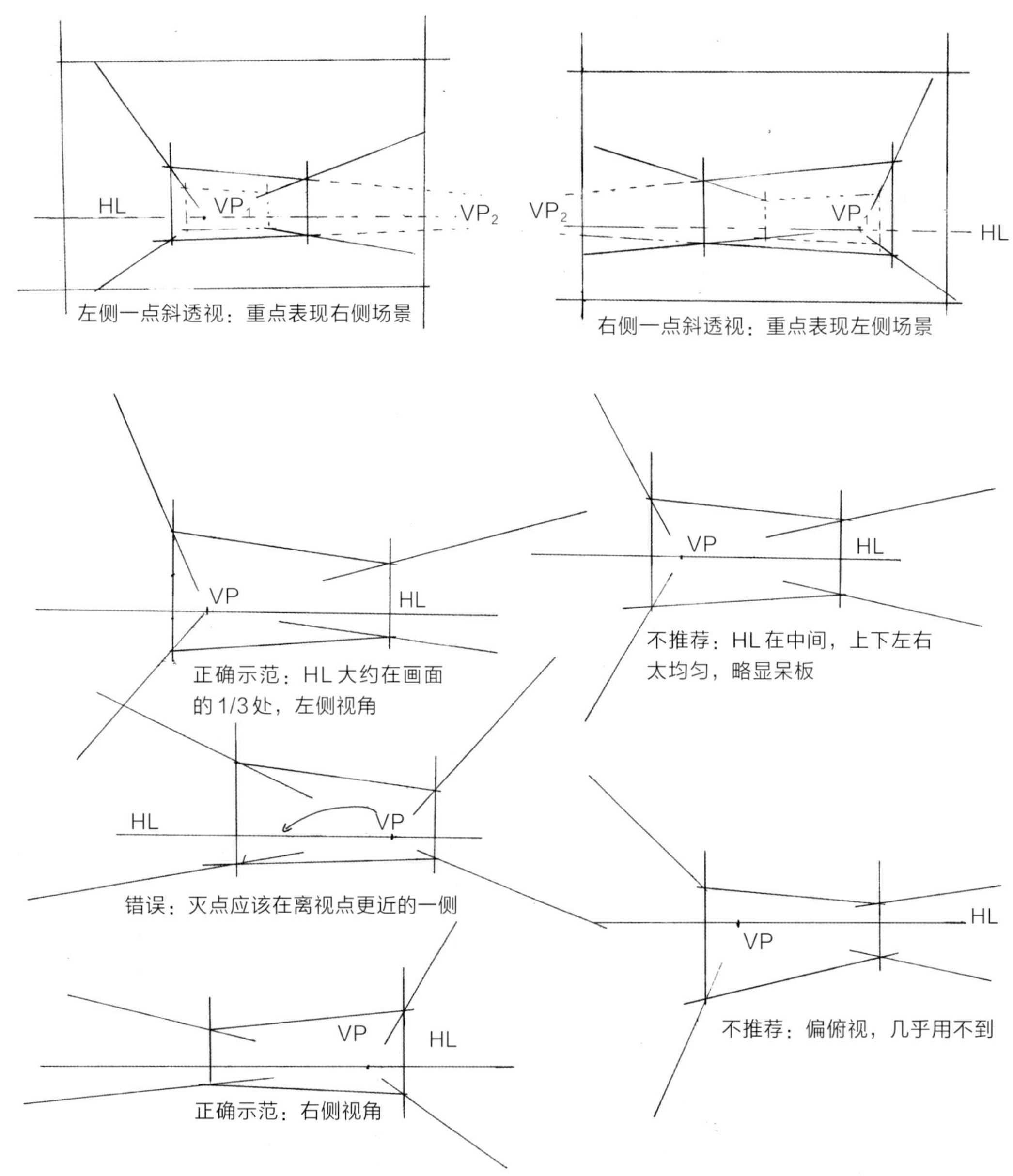

（4）中式坡屋顶

在常规透视的基础上增加了坡屋顶。在原有的构图基础上，按照透视规律画出顶面。

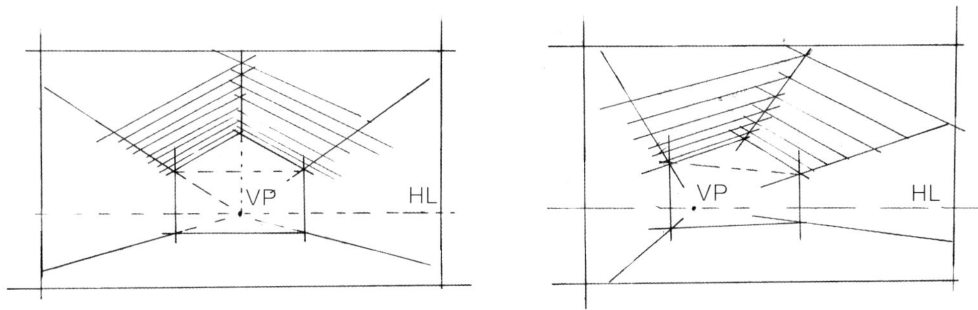

（5）曲线透视

曲线透视在空间中没有明确的灭点，在绘制过程中，可以无限地趋向视平线。由于视平线高度偏低，所以在画弧线的时候，顶棚上弧线向下倾斜的角度应该大于地面上弧线向上倾斜的角度。

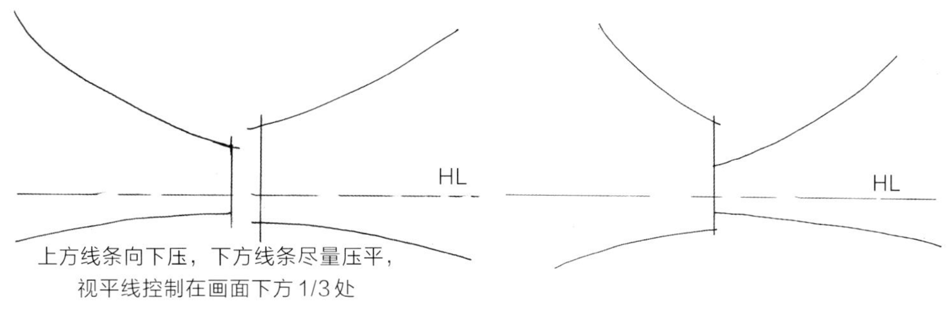

上方线条向下压，下方线条尽量压平，
视平线控制在画面下方1/3处

室内比例、尺度及构图规律总结。

① 视平线一定要水平，立方体灭点一定在视平线上，特殊斜面除外。

② 顶棚线尽量压低至画面1/2处，视平线设置在室内高度1m左右的位置。

③ 关于比例与尺度的控制，要学会找到参考比例尺，通常参考1m高视平线。

④ 地面压平。

⑤ 曲线透视没有灭点，无限趋向视平线。

2.6 室内草图快速练习

掌握以上规律之后，我们可以用铅笔起草稿的方法来训练快速抓取画面主体、调整构图的技巧，为后期绘图提高速度打下基础。

可参考以下快速提取实景框架的方法，来训练画面构图。建议使用A3图纸，以一张纸排列4个草图的形式进行练习，不需要绘制太多细节，结构框架舒服、比例与尺度合理即可，一个草图的绘制时间控制在3分钟左右。

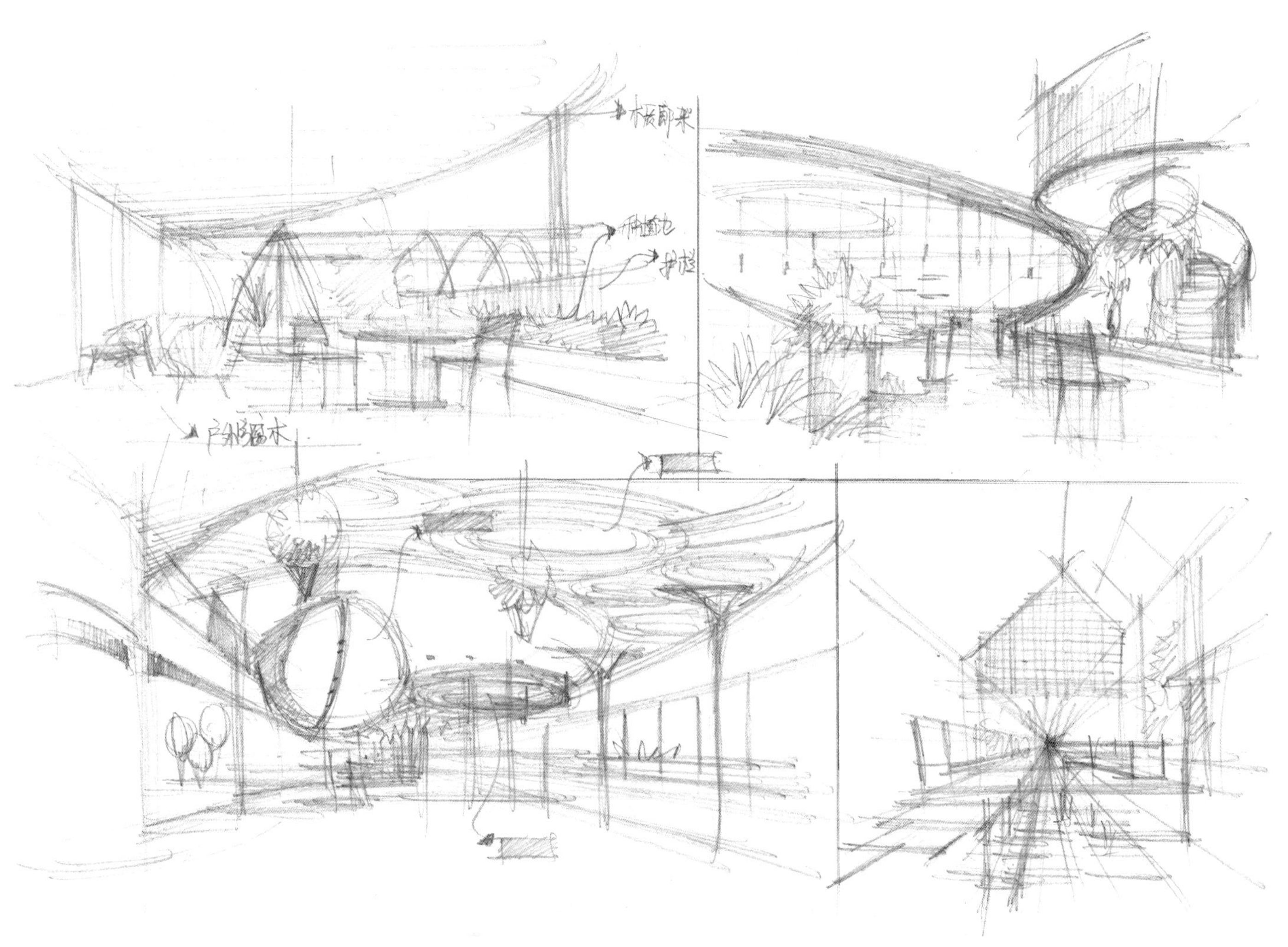

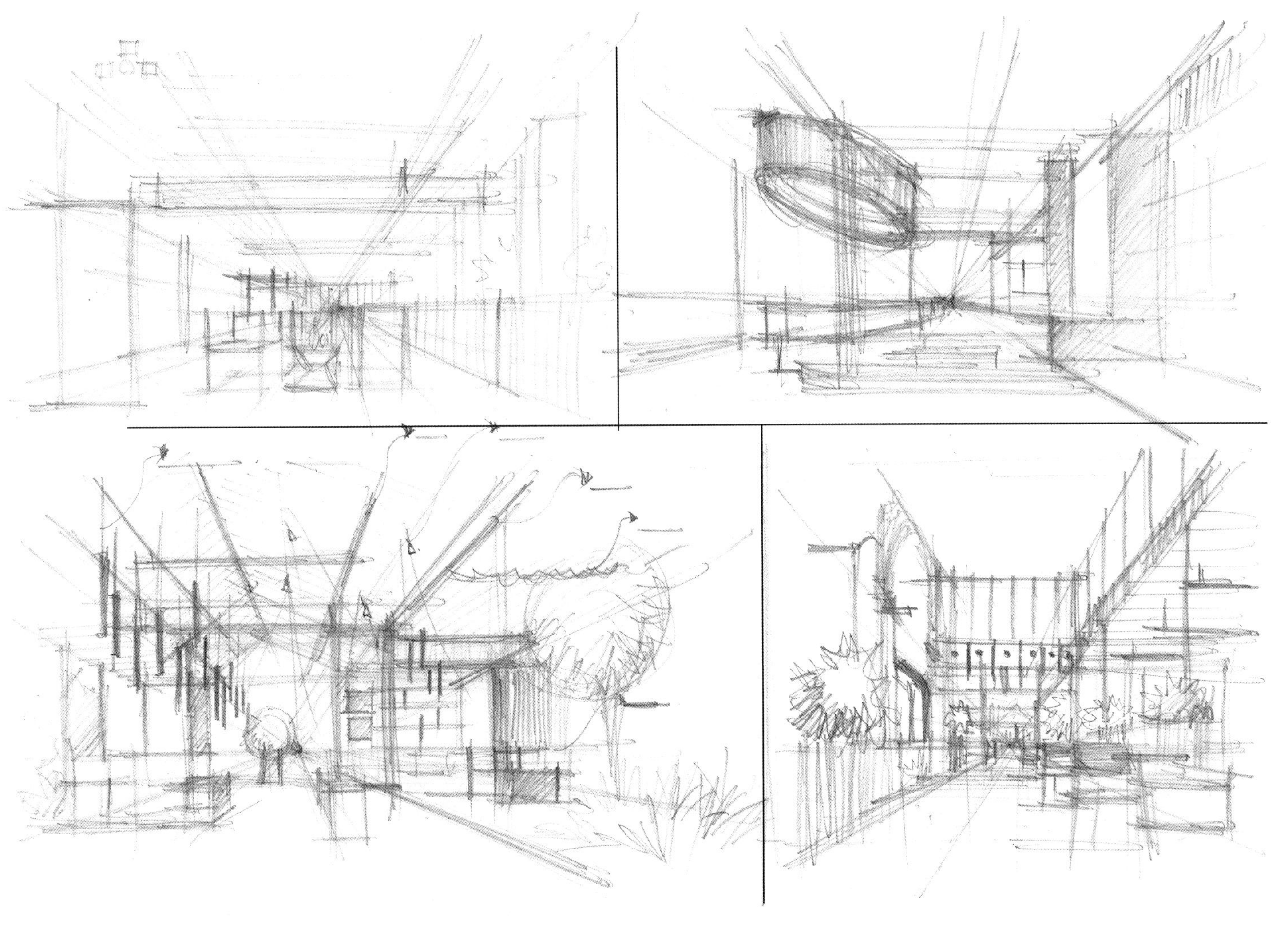

空间草图框架练习：在铅笔稿的基础上，可以试着练习空间草图框架，总结结构不错的空间框架，为设计积累灵感素材。

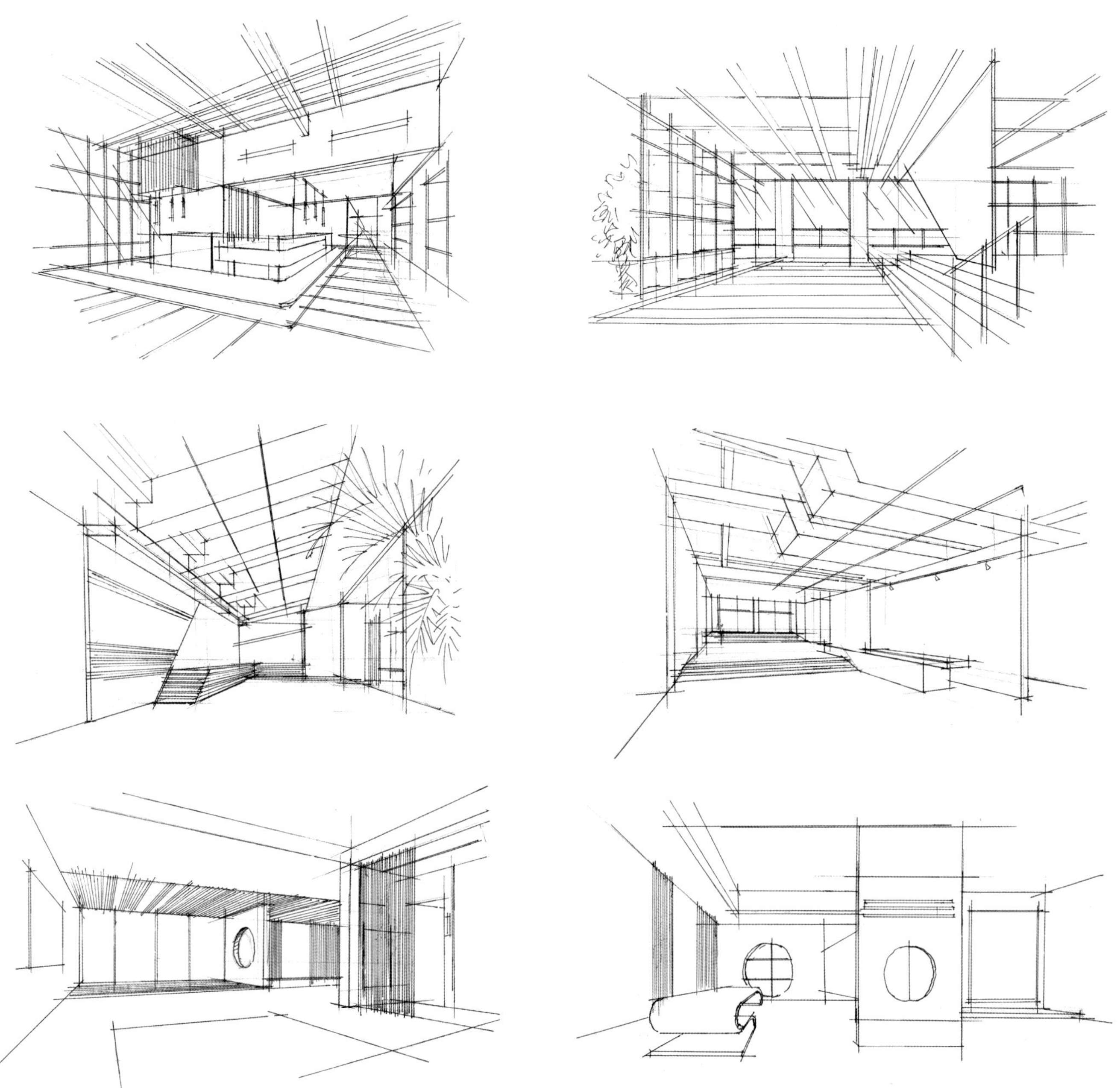

室内陈设装饰元素

在掌握了室内构图、透视、比例的前提下，需要积累更多风格的室内陈设装饰元素来丰富空间。本章主要从灯具、摆件和抱枕、绿植三个方面进行展示。

3.1 灯具

室内常用的装饰性灯具有艺术吊灯、台灯、落地灯、钓鱼灯、壁灯等。在绘制过程中相对比较容易，只要熟练运用线条，即可轻松掌握。本节主要训练对创意元素的日常积累能力，学会利用手绘的表达方式进行创意灵感的收集。在此仅做灯具样式分享，不做色彩展示，在大场景案例中，灯具作为配饰，通常占据比例偏小，日常不必刻意做色彩练习。

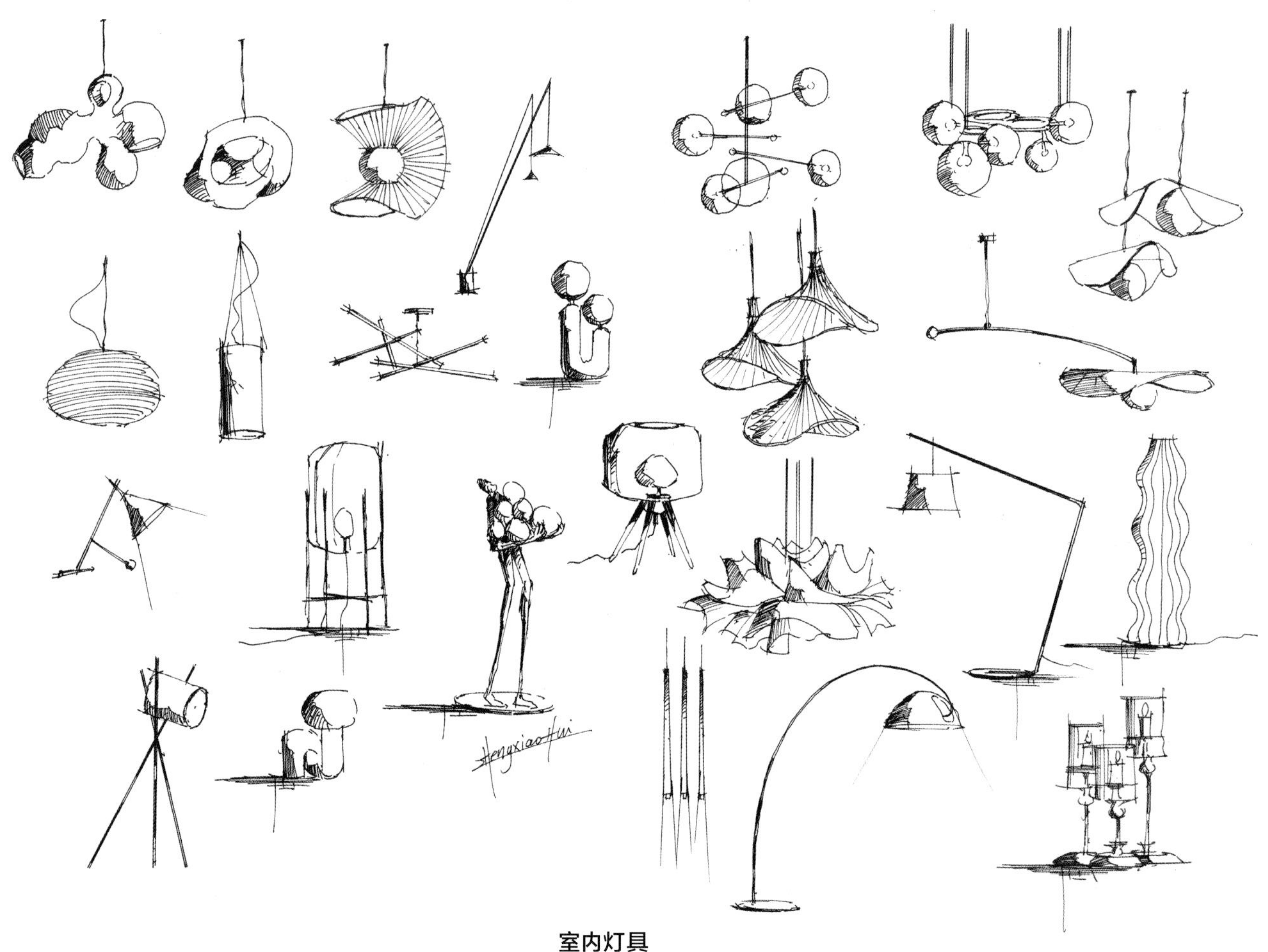

室内灯具

3.2 创意室内装饰

生动有趣的创意摆件可以增加空间的趣味性，起到锦上添花的作用。

抱枕作为室内软装的一部分，多与沙发、座椅组合使用，可以弱化硬朗的家具边界，使空间氛围更加柔和温馨。不同造型或色彩的抱枕，可以搭配组合形成不同主题的空间。

创意摆件

抱枕

墙面装饰

3.3 绿植

绿植在室内设计手绘中十分重要，可以起到烘托气氛、丰富画面、增加画面层次的作用。本节重点对不同体量大小的植物及盆栽的形式进行举例示范。

3.3.1 植物情景应用

在室内设计手绘表现中，通常不会刻意地去表达某种植物的品种，且多用在前景、远处遮挡、窗外环境等情景中。

（1）前景应用

前景植物通常只画出局部，或留白、或简单着色，线稿尽可能简单，避免烦琐的前景喧宾夺主。

（2）窗外环境应用

越来越多的案例中使用大面积落地窗，从设计角度来说，其可以提供充足的光照和通风；从视觉角度来说，其可以获得联通室内外的延伸感，使画面更通透。应把玻璃窗外的植物进行概括表现来达到此目的。

（3）画面中应用

画面中的植物又分为视觉中心或远处的配景植物，视觉中心的植物需要相对细致地刻画。

以植物为主要空间设计元素的案例，更需要进行细致的表达。

远处的配景植物作为画面的补充或遮挡，可简单概括。

熟悉以上应用场景之后，我们来详细地学习室内手绘中植物表现的分类和技巧。

3.3.2 常见植物线画法

（1）景观草

自然生长的景观草，用来当前景或用在室内的隔断种植池中都能起到不错的视觉效果。景观草较为细长，可用向上快速扫线的方式来表现，如图所示。

景观草的画法

（2）“几”字线

或者“w”“m”线等，都是根据线条的形状命名的，绘制植物线需要表现出植物生长的张力。

各个方向角度的植物线

具有张力的植物线

线条可断，但形式要连贯

不建议的画法：虽然植物画法风格多变，但为保证画面良好的效果，应尽量避免使用以下几种不太建议的绘画形式。

线条方向一致　　线条太零碎，不连贯　　线条打圈

（3）泡泡线

相对“几”字线更为概括，绘图速度更快，可根据个人绘图习惯参考和学习。

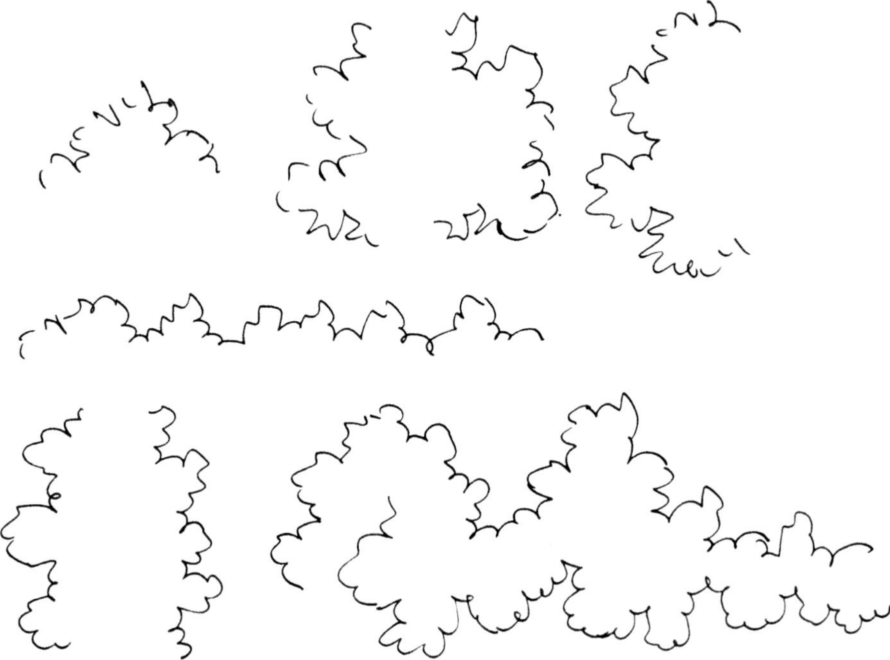

泡泡线的画法

3.3.3 植物叶片画法

（1）羽状叶片

散尾葵及椰子树的叶片相互遮挡组合，适合作为画面前景。

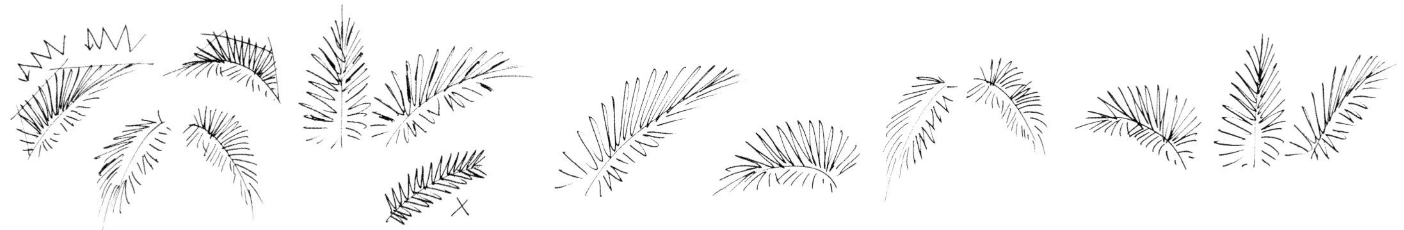

各个角度的叶片画法

散尾葵的画法

椰子树的画法

（2）掌状叶片

常见于棕榈类植物。

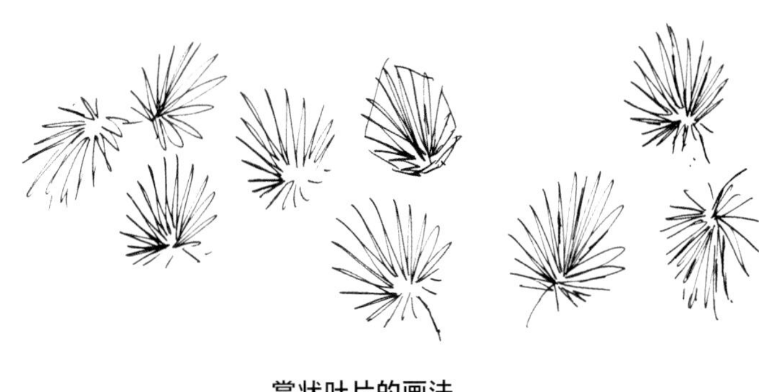
掌状叶片的画法

棕榈树的画法

（3）竹子、芭蕉

体现中式意境空间常用竹子、芭蕉等植物。

竹子的画法

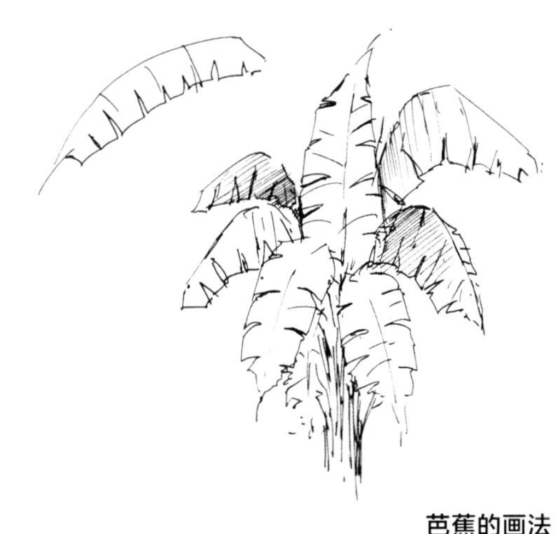
芭蕉的画法

（4）其他类型植物

其他类型植物的画法

3.3.4 植物枝干画法

绘制植物枝干时需注意，枝干分叉的方式如图示般交错生长，这样绘制出的枝干形态较为优美。主干部分需加重背光面暗部，用快速排线的方式来表现，切勿把暗部涂实。

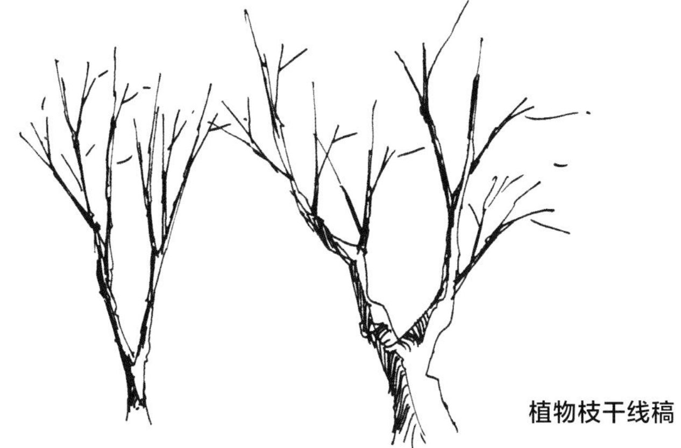

植物枝干线稿

植物及盆栽素材

Hengxiao Hui
弘晓教育

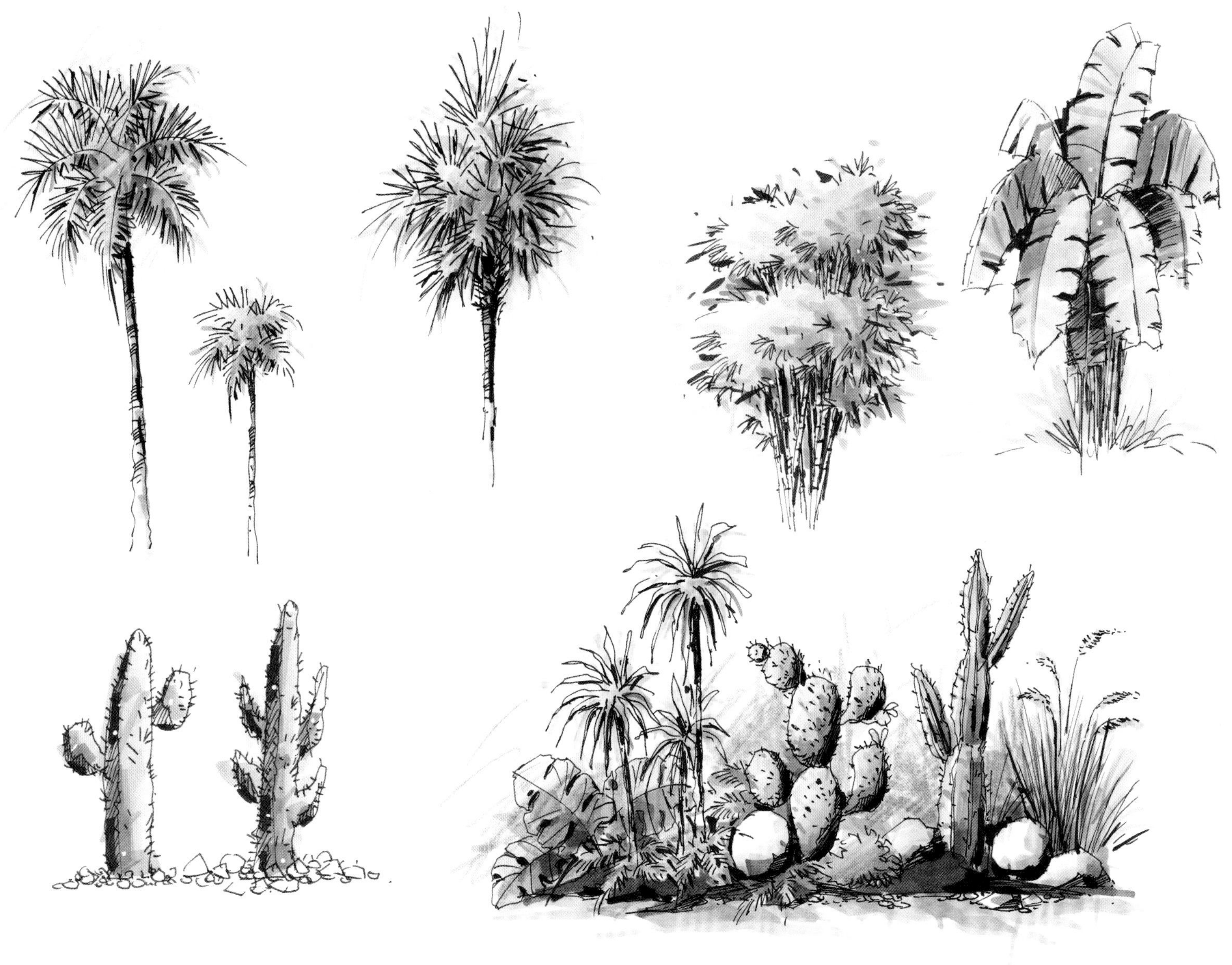

家具单体及小场景组合

家具陈设是室内空间的重要组成部分，准确来说，家具陈设的布局决定着空间的功能。无论是家装还是工装，室内设计风格都需要不同款式的家具来配合完成空间风格上的统一。本章以家具单体及小场景组合的形式来展示不同的家居风格。

4.1 家具单体

立方体是手绘的基础，熟悉立方体的多角度透视后，我们可以在立方体的基础上进行加减变化，完成由简单到复杂的家具单体的推演。

第二章中系统地讲解了室内构图的规律，我们为了绘制的便捷及营造良好的视觉效果，默认视平线高 1m，在此基础上，熟悉常见的家具尺寸，我们就可以进行加减的练习。

4.1.1 案例 1：单人沙发

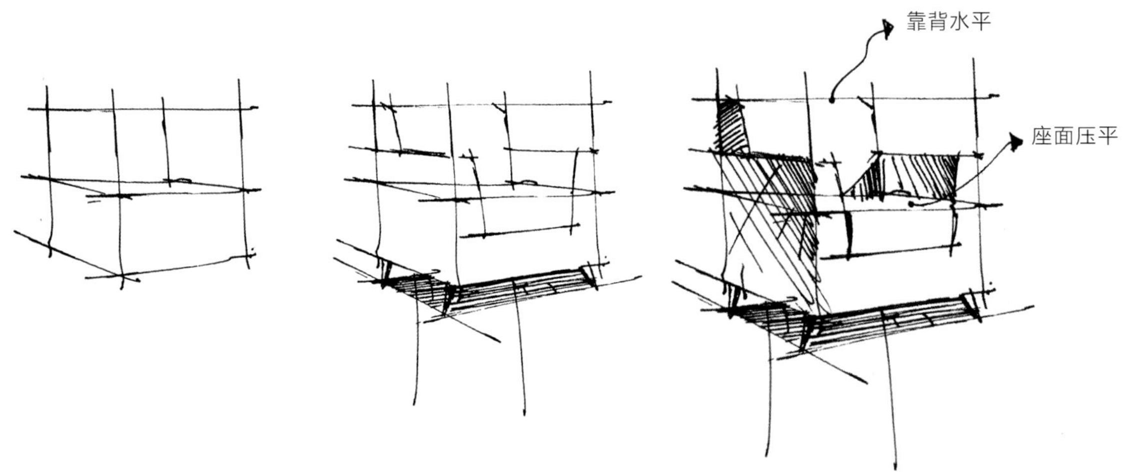

① 单人沙发上面的面近乎平面可忽略。

② 沙发靠背的高度为 1m，在此基础上参考 1m 线进行切割，画出坐垫高度、扶手及靠背。

③ 最后画出暗部阴影即可。

不同沙发的靠背高度是不同的，为了方便绘制，我们默认靠背的高度为1m，如果有特殊造型的，按照实际情况再调整。

4.1.2 案例 2：造型沙发

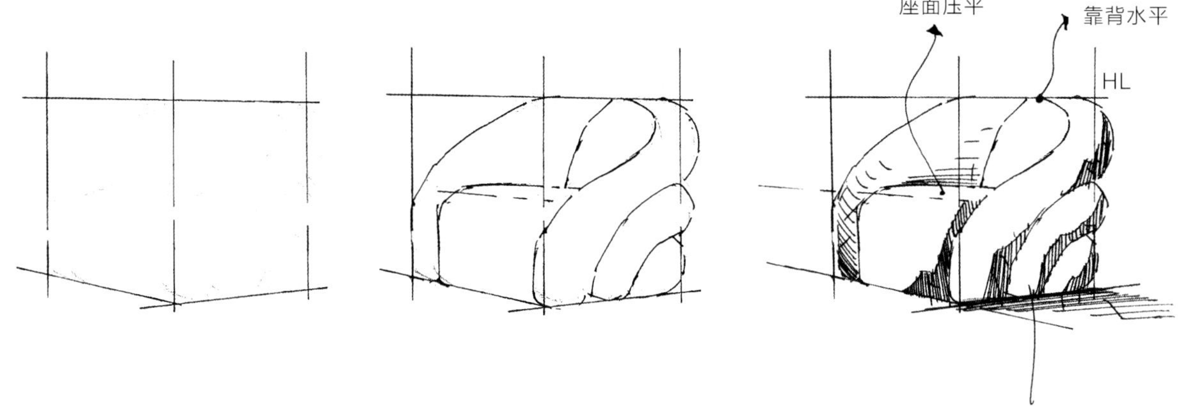

① 绘制出两点透视的立方体，注意将顶面压平，控制在视平线位置。

② 在立方体的基础上，参考沙发造型进行切割变化，座面按照450mm的高度，可目测在整个沙发高度的1/2，画出座面及扶手。

③ 默认左侧为主光源，绘制出体块阴影，最后加上地面投影。

除了方正的沙发，还有各种弧形及特殊造型的沙发。练习初期不建议直接画，形体容易把控不准，后期熟练可直接按照经验绘制。

沙发的座面尽可能压平，可以控制沙发处在一个比较舒服的视角。

4.1.3 案例 3：造型椅子

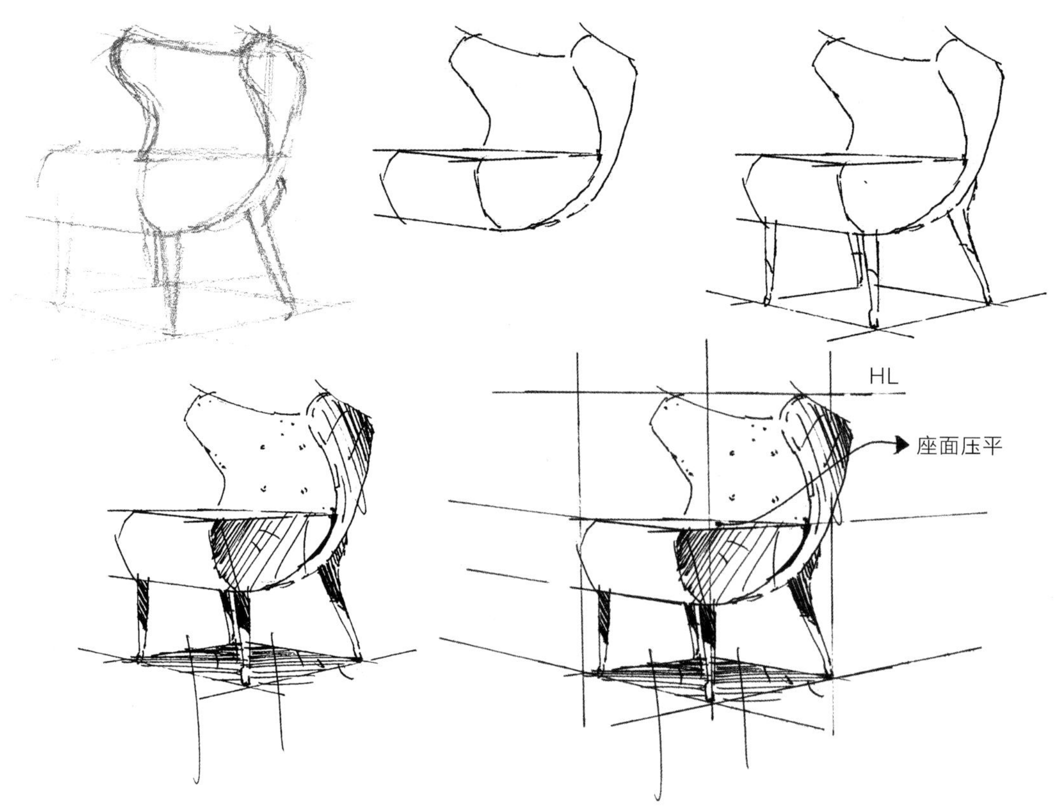

① 用铅笔起草造型椅子的轮廓形体，靠背顶面高度参考水平线。

② 座面高度在整个椅子高度的 1/2 左右。

③ 画出椅子腿的落脚点，注意落脚点按照两点透视的原则在地面进行投影定点。

④ 画出暗部及地面投影。

熟练之后可以直接从座面开始绘制，只要座面尽量压平，靠背水平，椅子整体的形体和角度看上去就比较舒服。

椅子腿位置的确定。

按照立方体透视的原则确定落脚点的位置。否则椅子会看上去站不稳，不舒服。

家具表现

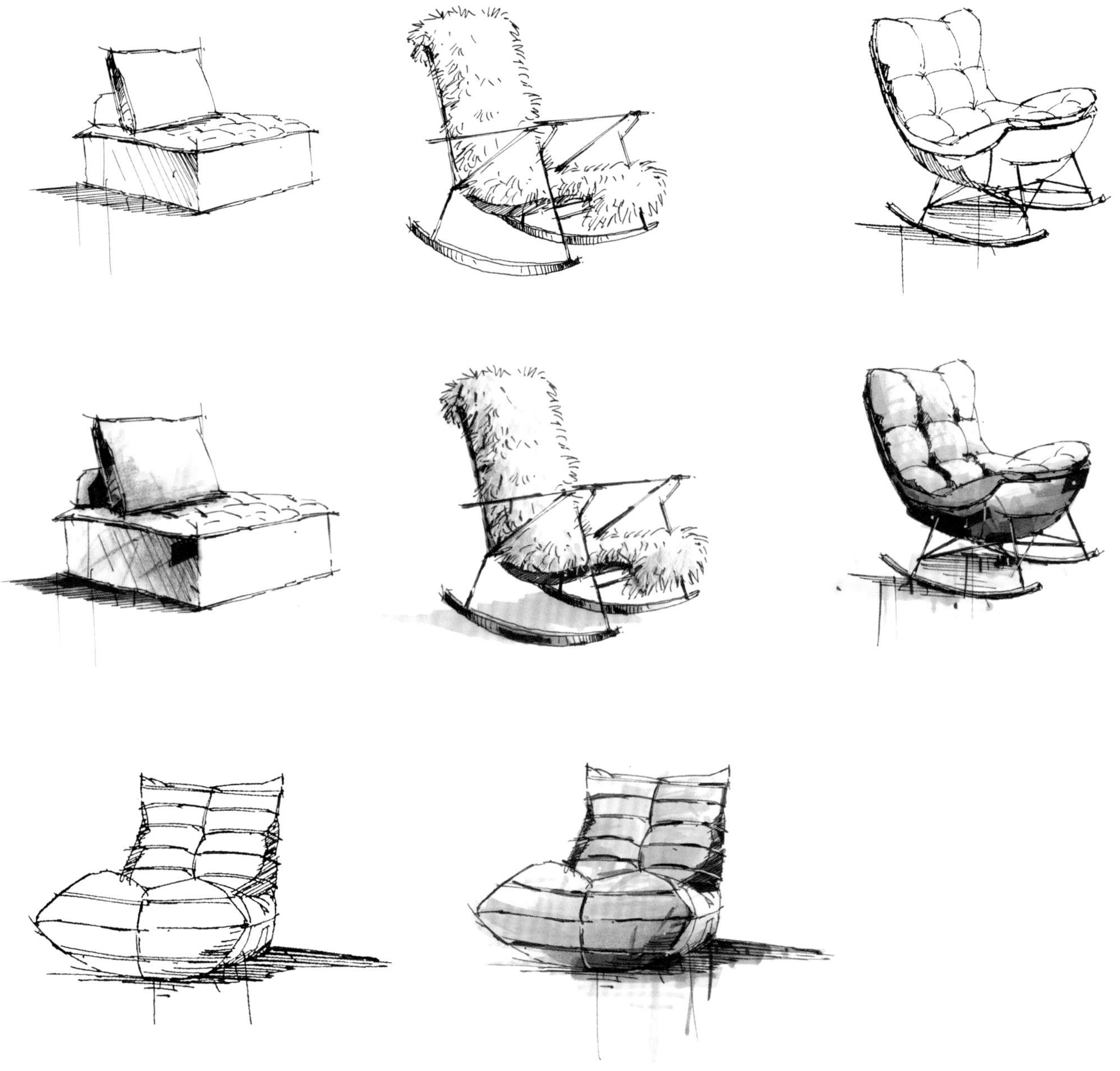

HengxiaoHui 玄晓教育
HengxiaoHui 玄晓教育

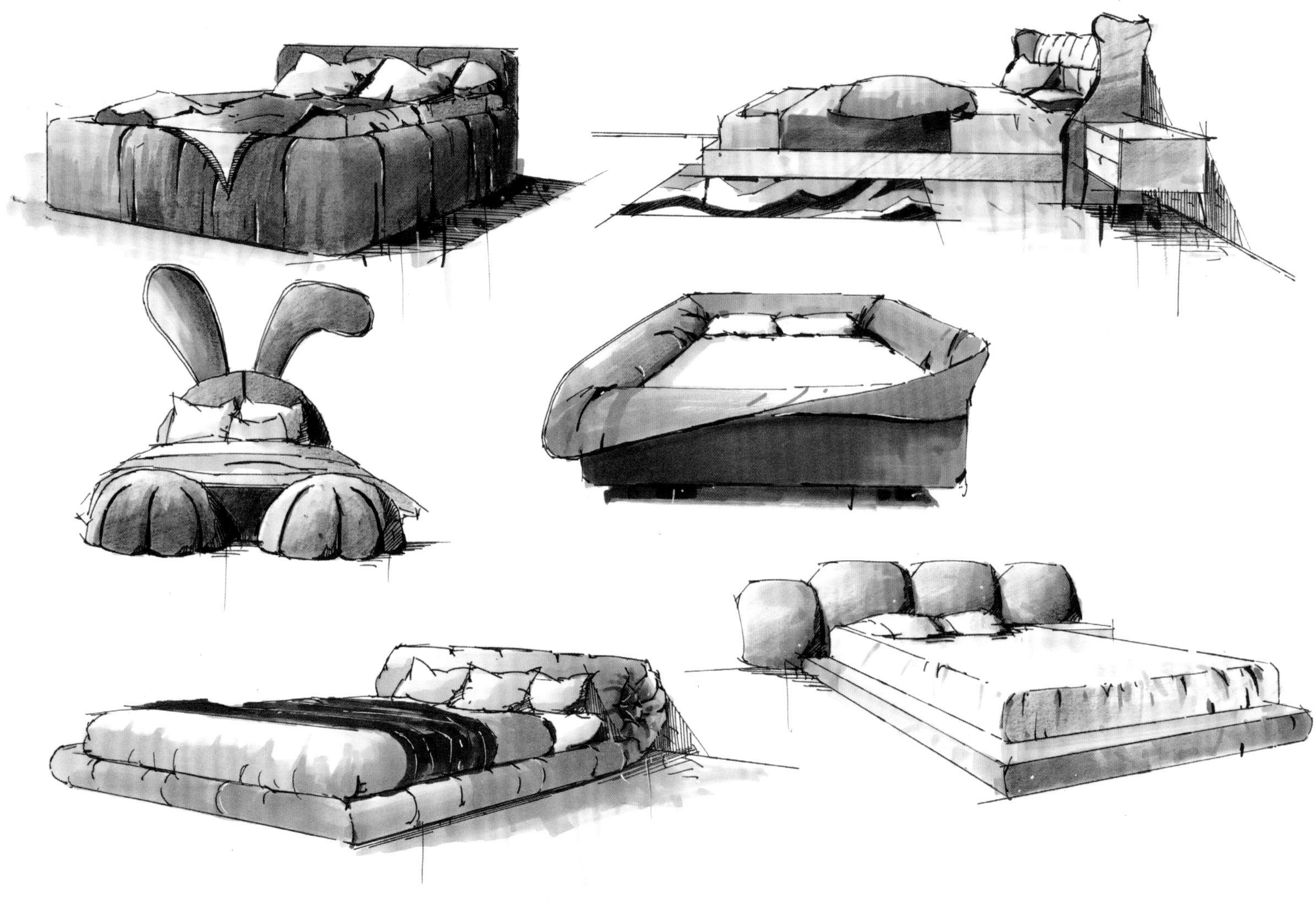

4.2 小场景组合

本节展示了多组家具组合及小场景，可以进行组合练习。绘图顺序由前往后，注意前后的遮挡关系。

室内场景效果图

基于前面的基础，我们可以尝试绘制大场景效果图。在场景的选择上，除了基础的比例、尺度、构图、色彩配色之外，更多的应该关注到场景设计的本身。在选择案例的时候，多问一问自己，这个场景哪些地方吸引了自己。

场地的功能布局、空间主题、和谐的配色、舒服的材质都是我们应该注意到的细节。

本章将结合众多场景案例，展示大场景从线稿到马克笔的绘制步骤。

5.1 家居及民宿空间

家居设计表现要素

家居空间在设计表现中主要有客厅、主卧室、儿童房、书房、餐厨空间、卫浴空间、阳台等几大功能区，风格上多以现代简约为主。重功能、轻装饰，重软装、轻硬装是多数家居空间的设计主流。当然也有轻奢、新中式、传统中式、工业、LOFT、田园、北欧等多种设计风格。

在手绘的表现上，由于多数家居风格偏简约，可以通过空间结构的丰富变化来体现空间的品质；从设计角度入手，更应该通过体块的穿插来表现更为人性化的功能设计；色彩上不宜使用太过刺激的颜色，应该多使用统一的色调，用黑、白、灰塑造形态。可通过局部的墙体或软装来呈现色彩，而不是局限在通过烦琐的装饰和丰富的色彩来达到视觉上的丰富。

民宿空间设计表现要素

民宿空间成为当今文化旅游产业中的重要一环，优雅的住宿环境可以给居住者带来休闲放松的度假体验，同时可以为商家或景区带来更大的利益价值，民宿设计的品质达到空前的高度。

民宿空间在设计表现中主要有接待大厅、主房间、庭院等，民宿设计有以下几大特点。

① 原生质朴的材料使用，如木材、石材、竹材、茅草等，并饰以自然生长的植物与当地的民俗手工艺产品。很少使用过度人工加工的做法，如各色乳胶漆、烦琐的饰面、复杂的施工工艺等。

② 室内空间往往同景观庭院或自然环境形成良好的通透性视线，通过大面积的落地窗、阳台或天窗实现室内外的联通。使人置身于星空、大海、山川、草原、林海、竹林等中，达到更好的身心及视觉体验。

在手绘的表现上，多使用木材、石材、自然植物等材料及装饰元素，色彩上尽可能避免刺激的颜色，多使用柔和自然的色彩来体现空间自然、质朴的气质。如在大面积落地窗的场景中，应尽可能多地将窗外景观收入其中，以提升画面效果。

5.1.1 案例 1：民宿休闲空间

【过程】

用铅笔起稿，画出空间框架及家具位置和大致的形式即可。

02

线稿步骤从前往后绘制，注意前后遮挡层次，先画出靠近画面前面的家具及组合。家具的样式及细节要刻画到位，作为整个画面的视觉中心。注意：椅子靠背的高度默认为 1m，参考视平线的高度。

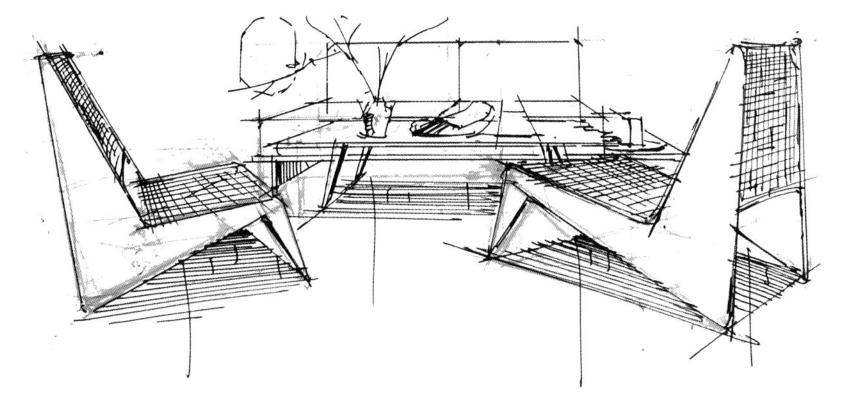

03

画出场景中的主要结构线。

04

继续丰富画面细节与顶棚结构，最后画出窗外植物景观，由近及远，近实远虚，背景元素概括即可，不必刻画细节。

先用对应的色粉铺底色，然后颜色由浅色开始，画出木质结构。马克笔参考配色：167、168（配色参考中补充了部分在过程中未提及的色号，仅供参考，可灵活掌握）。

06

绘制植物部分，马克笔参考配色：23、56、57、106，窗帘马克笔参考配色：253、254、256。

07

刻画细节，用少量黑色突出暗部，高光笔提亮局部。最后叠加对应颜色的彩铅，可以增强画面质感。

【场景设计解析】 民宿空间强调的是自然生态的质感，在材质的选择上应大量运用木材及玻璃，尽可能避免使用过多人工加工过的材质及绚丽的色彩。大面积的落地窗利用借景的手法将室外景观引入室内，在视觉上使空间无限延伸，同时可以提供充足的自然光照及通风，这也是低碳生态设计手法的体现。

5.1.2 案例 2：民宿空间一角

【场景设计解析】 本案例在延续大量木材和玻璃材质外，增加了大量自然石材的应用，凹凸不平且并不怎么整齐的墙面叠砌进一步突出画面质感。窗外景观细化出石笼挡土墙、镂空景墙、景观草等元素，表现出乡村特有的质朴自然景观，远处起伏的远山与飞鸟增强了画面气氛。

5.1.3 案例 3：民宿休闲接待区

【场景设计解析】 本方案为民宿休闲接待区，用红砖墙、原遗留木质顶、横梁、水泥地面、大面积落地窗来体现材料本身的质感，突出民宿质朴的氛围。下沉式的空间丰富了空间竖向层次，增加了空间趣味性。落地窗外的景观被引入室内，可以很好地延伸景观视线。

5.1.4 案例 4：民宿灰空间营造

【场景设计解析】 灰空间作为建筑与其外部环境之间的过渡空间，可以达到使室内外融合的目的。本案例中的室内空间与室外空间没有硬质墙体和门窗隔断，而是利用木格栅做空间顶部，内部布局秋千休闲沙发、座椅、壁炉装饰等，外部景观空间全部收入室内，充足的采光和通风使空间更通透自然。

5.1.5 案例 5：民宿公共洽谈区

【场景设计解析】 本案例为民宿公共洽谈区一角，空间中采用木材结合大面积植物的搭配，突显自然生态的空间氛围。通透的落地窗既能提供充足的阳光，也可以引入室外景观，丰富空间横向的层次感。局部二层的设计丰富了竖向层次。中间的下沉式洽谈区可以获得闹中取静的体验感，进一步丰富空间的竖向层次。

5.1.6 案例 6：开放式家居客厅

【场景设计解析】 本案例可作为别墅家居客厅和书房的开放式组合空间使用，尽可能少地使用隔断墙，空间更通透开敞，大面积落地窗为空间提供充足的采光和通风。本案例也可作为休闲公共空间使用，整个木质吊顶突显公共空间属性，可以为使用者提供休闲喝茶、商务洽谈的功能。

5.1.7 案例 7：小户型家居客厅

【场景设计解析】 本案例设计亮点突出，在有限的空间内，利用联动门进行空间的灵活分割，白天打开，画面外的卧室空间与客厅相连，形成通透的客厅及多功能房，夜晚联动门关闭，形成私密的休息空间。客厅在满足下方空间不影响活动的前提下做了局部夹层，作为孩子的娱乐空间，以后也可作为储物空间使用。

5.1.8 案例 8：别墅客厅

【场景设计解析】 本案例在设计上遵循了极简风格，大面积留白搭配局部木质墙体饰面，右侧大面积落地窗引入户外景观，保证了充足的采光，整体风格清新舒服。在表现上需要注意，极简风格通常没有复杂的装饰元素，可以从陈设布局上体现细节，顶面多留白。强调画面的疏密对比关系，也可以增强画面效果。

5.1.9 案例 9：别墅客餐厅

【场景设计解析】 本案例为某设计师别墅的客餐厅空间，局部抬高的客厅与下层餐厅是空间主人和朋友聚会的主要空间，大面积的开窗同样起到借景的作用，且能够增加室内的通风及采光。主玻璃窗外的镂空砌墙，带来丰富的光影变化，增加了空间趣味。

5.1.10 案例 10：开放式厨房

【场景设计解析】 本案例为家居空间中的开放式厨房，结合局部吧台，可以提供早餐的制作和就餐空间。吧台立面增加了储物收纳功能，大面积的橱柜也为厨房提供了更多的收纳空间，石膏板的顶面和墙面结合大面积木质橱柜、鱼骨拼地板，营造出现代极简风格。

5.1.11 案例 11：LOFT 公寓

【场景设计解析】 本案例为LOFT公寓空间，占地面积虽小，但可利用竖向高度优势营造局部二层空间。一层为动态开放空间，二层为静态休息和办公空间，并通过左侧楼梯衔接。楼梯间作为储藏间，巧妙地利用边角空间提高空间利用率。

5.1.12 案例 12：艺术家之家

【场景设计解析】 本案例为艺术家之家的卧室空间设计，整体采用原木色结合黑、白、灰等颜色进行设计，色调素雅；大面积落地窗为室内提供了良好的景观及采光，露天阳台上放置的休闲座椅，可以满足日常的休憩与放空。

5.1.13 案例 13：玻璃阳光房

【场景设计解析】 本案例采用更多的玻璃材质来营造一所通透的阳光房，大面积的玻璃围合将室内外环境巧妙地融为一体，室内陈设同样采用素雅的配色，以及拒绝过多人工处理的材质来营造简约质朴的效果。白天是洒满阳光的阳光房，三五好友在此叙旧、喝茶，夜晚是可以抬头仰望的星空房，时间在这一刻仿佛停止，为使用者提供享受片刻宁静的独处空间。

5.2 餐厅空间

餐厅空间设计表现要素

餐厅空间在设计表现中主要有主题风格明确的用餐大厅、前台空间、后厨、员工更衣室、卫生间、设备间、储藏间等辅助空间，这些空间在设计中需做考虑，但不作为快题手绘的主要表现空间。

餐厅空间在设计上应注重主题和氛围感的营造，其空间的主题营造有以下几个方向。

① 突出某种材料主题，如大面积使用木材、竹材、红砖、钢筋混凝土、植物等，来体现生态、自然、工业等主题。

② 突出某种IP主题，如空间品牌的吉祥物摆设、墙面图案、主题背景墙等。

③ 突出某种色调，如绿色体现生态、蓝色体现科技、红色体现热情、橙色体现青春等，同色系的使用可以提升空间的高级感，视觉上也会更和谐舒适。

④ 突出布局功能，如单人坐的吧台、四人桌、六人桌、圆桌、沙发座椅区、休闲空间、地台空间等，通过新颖的功能或结构穿插布局来呈现空间的功能主题。

在手绘的表现上，应基于上述设计特点的总结进行表现创作，除了材质和色调呼应主题之外，餐厅空间属于商业类空间，也可通过灯光设计来增强画面的氛围感和沉浸感。餐厅空间桌椅单体较多，应注意画面的构图技巧，可有效提高绘图的效率。

5.2.1 案例 1：仓库餐厅改造

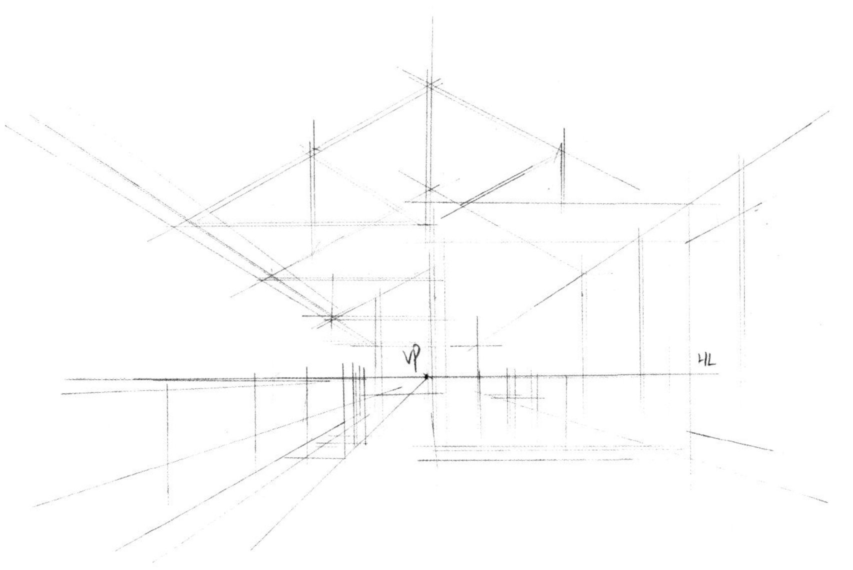

【过程】

用铅笔绘制一点透视草图，方案中包括对称式坡屋顶，注意地面压平，视平线压低，定出座椅、吧台的主要地面位置，单体以立方体的形式呈现即可。

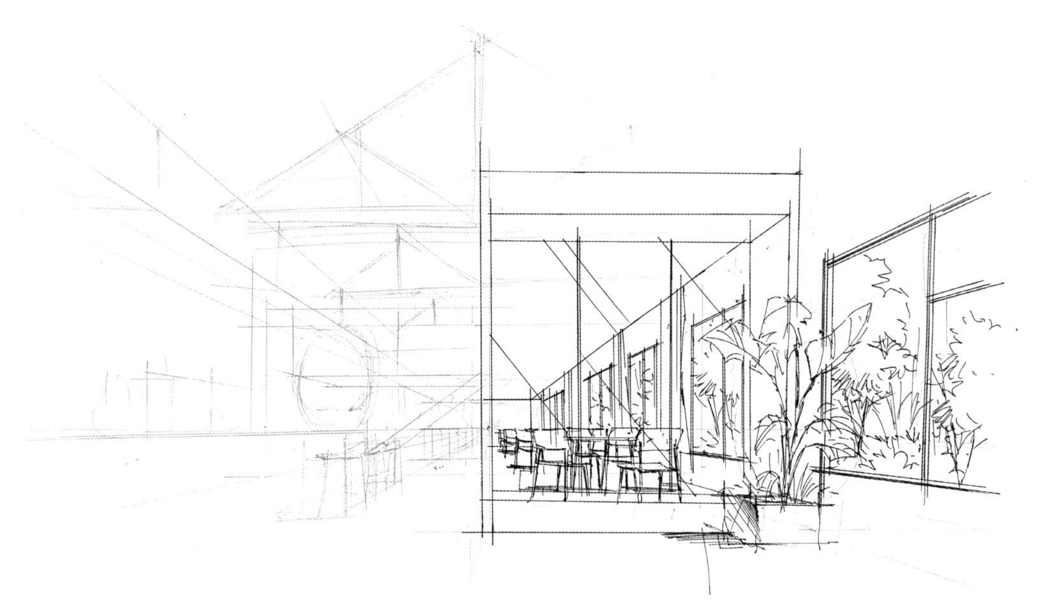

02

线稿步骤从前往后绘制，注意前后遮挡层次，先画出最前面的植物，再逐步画出右前侧的家具及“方盒子”结构。家具的样式及细节要刻画细致。注意：椅子靠背的高度默认 1m 左右，参考视平线的高度。

03

用同样的步骤绘制左侧吧台和吧椅，吧椅靠背同样参考视平线高度。吧台台面高度也是视平线高度，这样可以节省很多面，不影响画面结构的同时，可以提高绘图效率，增强画面的进深感。

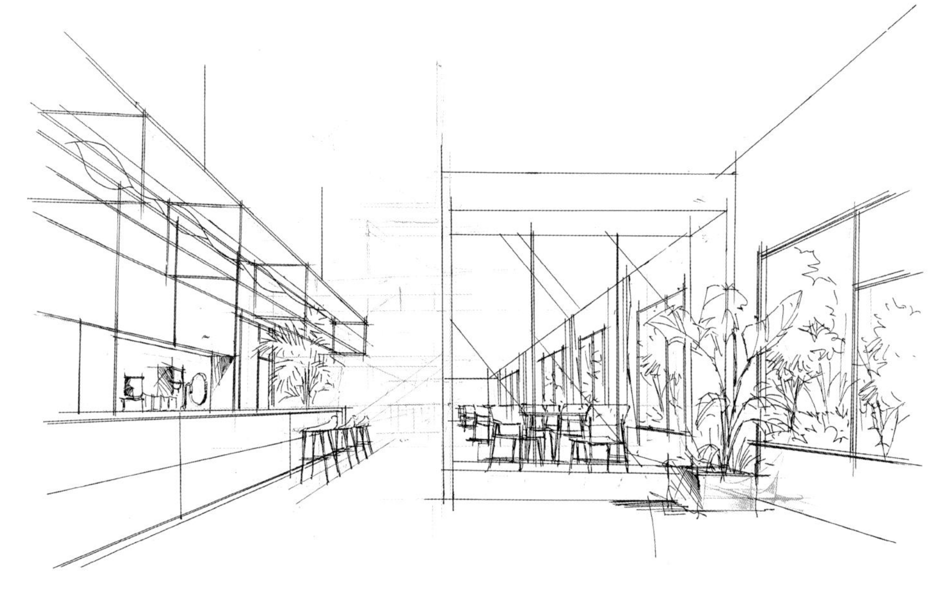

04

画出顶棚结构，注意坡屋顶结构的透视关系，前后同方向的斜向支撑结构统一向上做透视处理。

05

马克笔部分，先用对应的色粉铺底色，然后颜色由浅色开始，先画出植物部分。马克笔参考配色：23、56、57、106。

06

继续画出木材的质感，顺着透视方向，局部可使用笔触叠加打破一下。马克笔参考配色：167、168、130、41、253、254、256。

最后深化细节，局部加黑色勾勒细节，突出单体结构。用239号马克笔画出窗外天空，地面用色粉和彩铅叠加表现，画出自然质感强烈的地面效果。

【场景设计解析】 本案例由某旧仓库改造而成，图中为休闲餐厅区域，设计亮点是在室内相对较高的前提下，做了右侧的方盒子结构，从功能上划分了区域，视觉上增加了空间的趣味性和层次感。空间主要由木质结构的顶面、水泥地面、大面积玻璃窗构成，保留了仓库原有的空间质感。

5.2.2 案例 2：花园式休闲餐厅

【场景设计解析】 本案例使用大量植物，用餐区被植物包围，营造良好舒适的用餐氛围。空间内使用的材质多保持其本色，粗糙的水泥、裸露的顶棚结构与精致的座椅细节相碰撞，达到空间风格的平衡。大小不一的灯笼悬在空中，微黄的灯光烘托出惬意的氛围。

5.2.3 案例 3：餐厅夹层空间

【场景设计解析】 在室内层高宽裕的前提下，可以考虑做局部夹层的设计。上层悬浮，下层布置意境满满的置石与植物。坐在夹层内用餐，由上往下的视线可以增加空间的趣味性。表现上做了大面积的留白，可以增加画面的对比性，提升画面的视觉冲击力。

5.2.4 案例 4：新中式餐厅

【场景设计解析】 本案例摒弃了烦琐的中式图案符号，使用简约风格的中式餐椅和远处的中式隔断来体现中式氛围，并用木质坡面的吊顶提升空间意境。空间整体色调统一，使用木材及青砖，保持材料原本的色彩和质感，画面简约，氛围感浓厚。

5.2.5 案例 5：坡屋顶休闲餐厅

【场景设计解析】 本案例的设计使用大体量的室内盆栽作为竖向上的视线软隔离，既能增加空间层次感，又不会让人觉得太生硬刻板，保证了用餐者的隐私需求。大面积的玻璃窗和天窗保证了空间的采光和通风，通过玻璃窗可观看窗外风景，视线得到无限延伸。色彩主要使用了亮黄色，突出的单一色彩结合植物、屋顶、地面的颜色，使空间简约舒服又不显单调。

5.2.6 案例 6：沙漠植物休闲餐厅

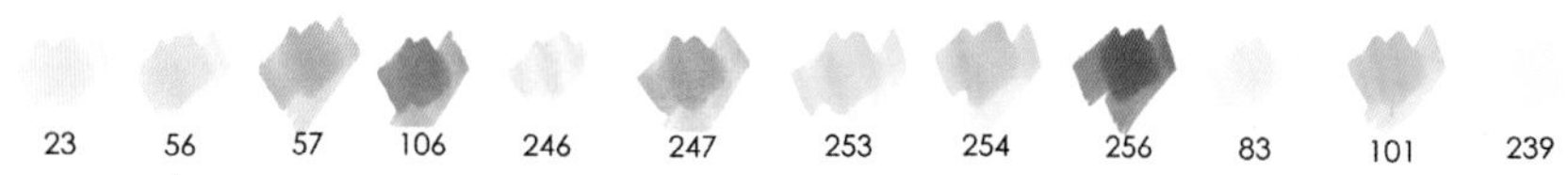

【场景设计解析】 本案例使用大面积绿色来烘托用餐环境清新雅致的空间氛围，黄色系木地板在色彩上进行暖色互补，中间落地窗中的仙人掌等特色植物种植，给空间带来独特的视觉体验。右侧天窗保证了充足的采光，整体风格清新舒服，体现低碳生态设计。

5.2.7 案例 7：艺术空间餐厅

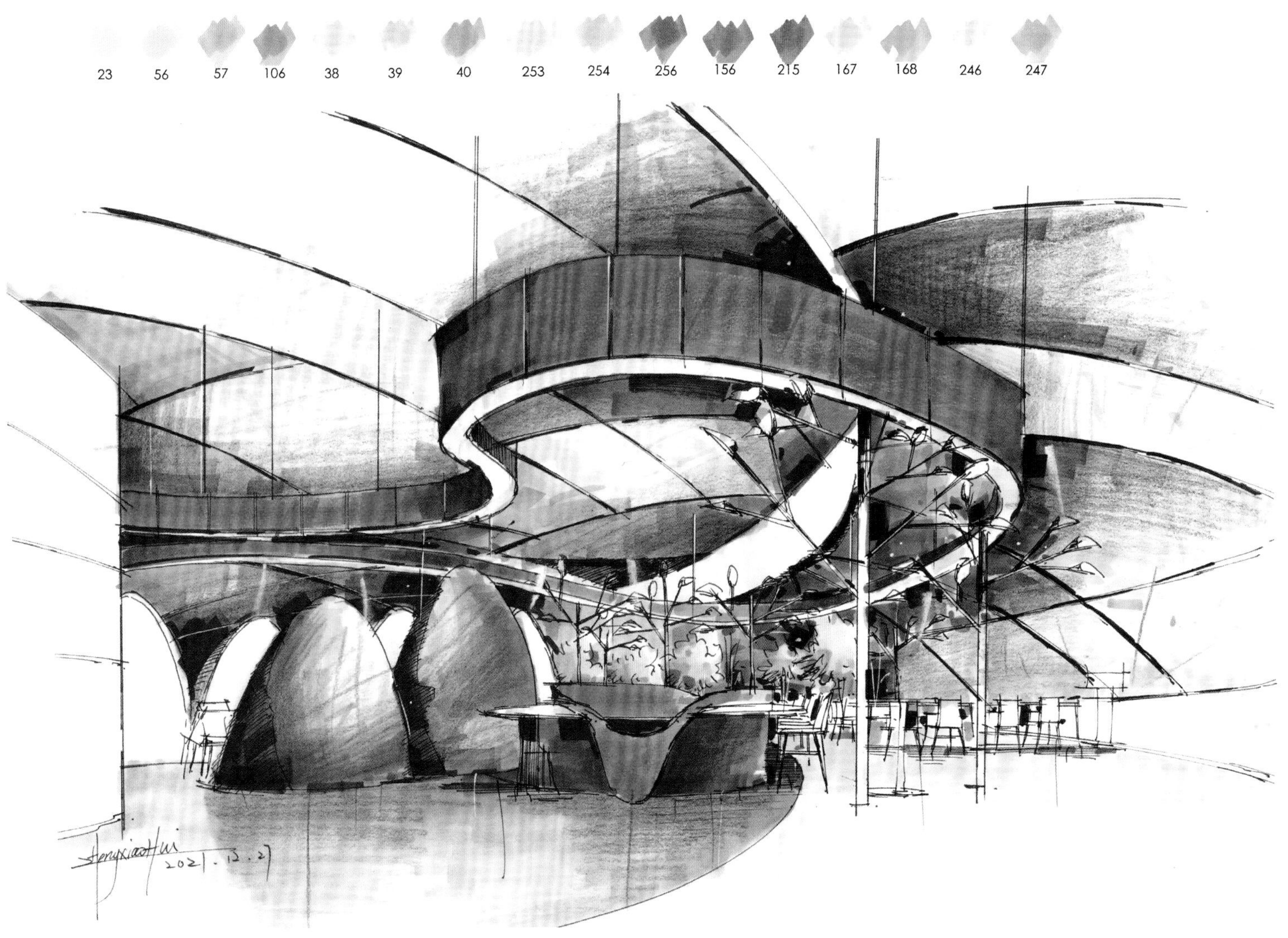

【场景设计解析】 本案例体现了“红飘带”的设计概念，给予空间视觉上的冲击力，曲线的“红飘带”更像是个装置艺术品，以自然的形态悬浮在半空中，与室内的曲面拱顶形成呼应，同时可以起到分隔空间的作用，丰富室内空间的竖向层次。

5.2.8 案例 8：户外餐厅

【场景设计解析】 本案例大面积使用木材，木质坡屋顶、藤编艺术吊灯、木质座椅，材质统一，简约质朴。空间两侧打通，十分通透，与庭院内植物景观相融合，满眼绿色。左侧露台为户外用餐区，给使用者提供多种用餐环境的选择，用餐时仿佛置身于花园中，空间氛围感拉满。

5.2.9 案例 9：日式休闲餐厅

【场景设计解析】 本案例使用较多的元素细节来增强空间的层次感。灯笼式照明作为空间亮点，与压黑的吊顶背景形成强烈的对比效果。右侧空间营造出一种市井集市感，整个空间通过照明烘托氛围，特色突出。

5.2.10 案例 10：木格栅休闲餐厅

【场景设计解析】 本案例使用木格栅围合形成局部特色亮点，吊顶重复渐变的结构增强了画面的视觉冲击力。色调上主要使用木色系结合黑、白、灰，色调统一，画面清新大气。

5.2.11 案例 11：不规则多边形休闲餐厅

【场景设计解析】 本案例的亮点为由突出的不规则多边形拼凑而成的吊顶结构，大面积使用耐候钢板，从室外入口处延伸至室内。整个空间使用橘红色为主色调，结合黑、白、灰，空间主题鲜明，色调统一。

5.2.12 案例 12：红白色系餐厅

【场景设计解析】 本案例大胆地使用了大面积的红色、橘红色，与黑、白、灰形成强烈的色彩对比，增强画面的视觉冲击力。设计上重复直线元素，如同反复缠绕的胶带，在空间内纵横交错，在视觉上使整个空间更有整体性，同时对承重柱进行修饰和美化，不显突兀。

5.3 咖啡厅、茶饮空间

咖啡厅、茶饮空间设计表现要素

咖啡厅、茶饮空间在设计思路上与餐厅有相似之处，都是服务于使用者坐下来休闲、用餐、交流的空间，可参考餐厅的设计思路。在功能布局上，更多情况下会表现为卡座及吧台。

咖啡厅、茶饮空间的设计除基础的休闲茶饮功能之外，想要使其更具有创意性，可以考虑同时满足休闲书吧、短期沙龙分享、小型艺术展示、公司团建、咖啡制作体验等新型功能。

在手绘表现上，除了把握好基础的透视、比例、色彩要素之外，还可以通过新颖功能的融入，来提升画面的设计感。

5.3.1 案例1：茶饮空间

【过程】

用铅笔绘制一点透视草图，快速定位出每个功能区的位置和大小，以及家具的高度，参考1m高视平线位置，每个单体的位置和大小用立方体表现。

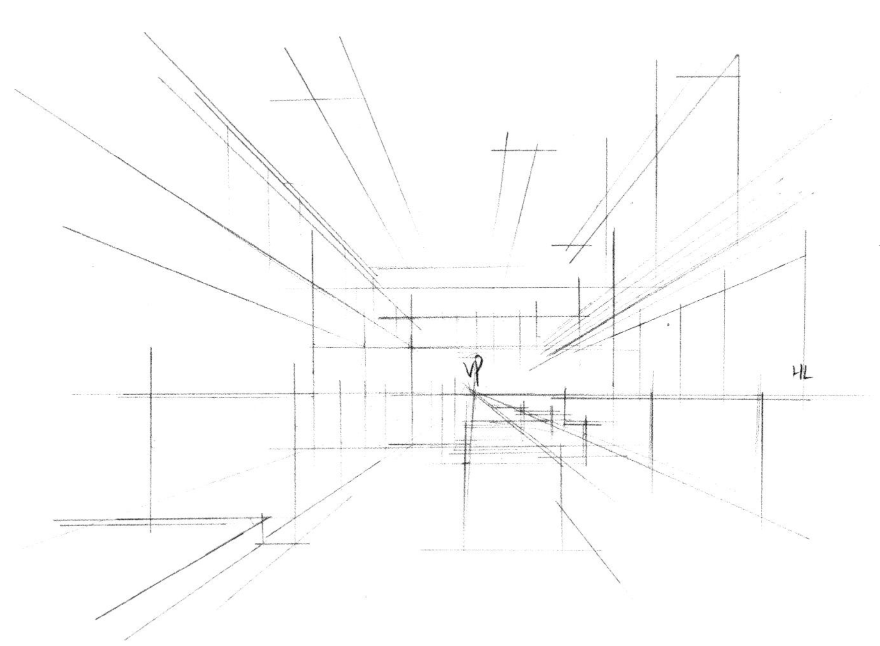

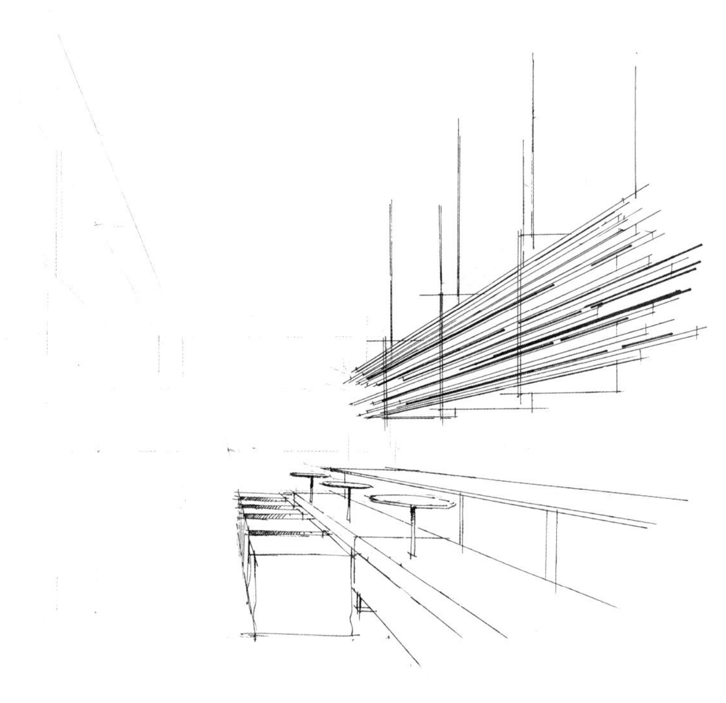

线稿按照从前往后的顺序画。先画出右侧坐凳、沙发、桌面等部分。

03

继续画出左侧的前景植物，吧台和吊顶结构。

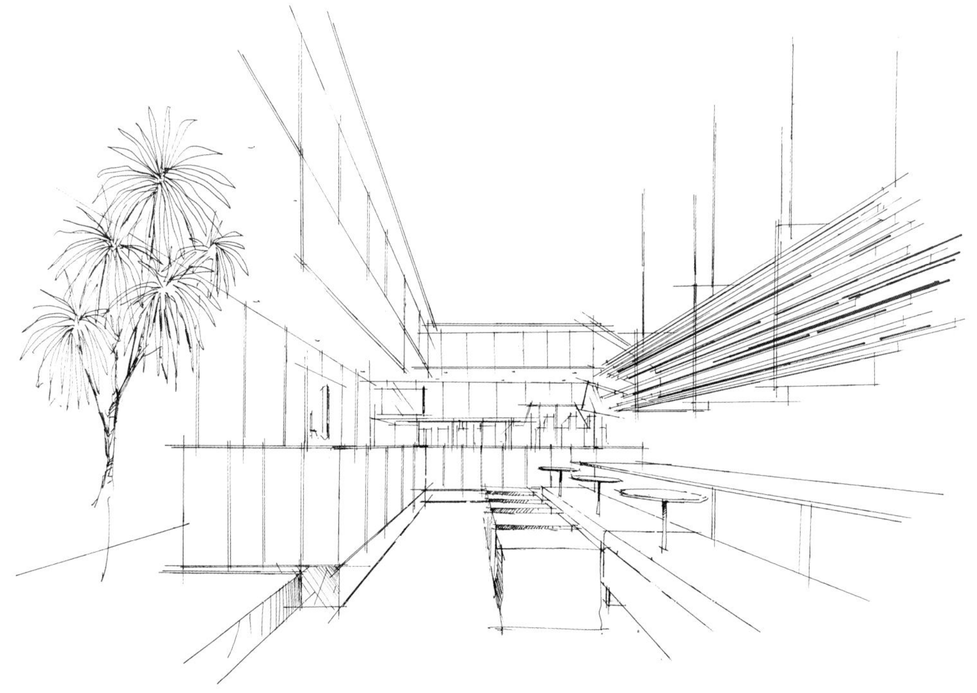

04

深化细节，完善吊顶，画出单体结构。

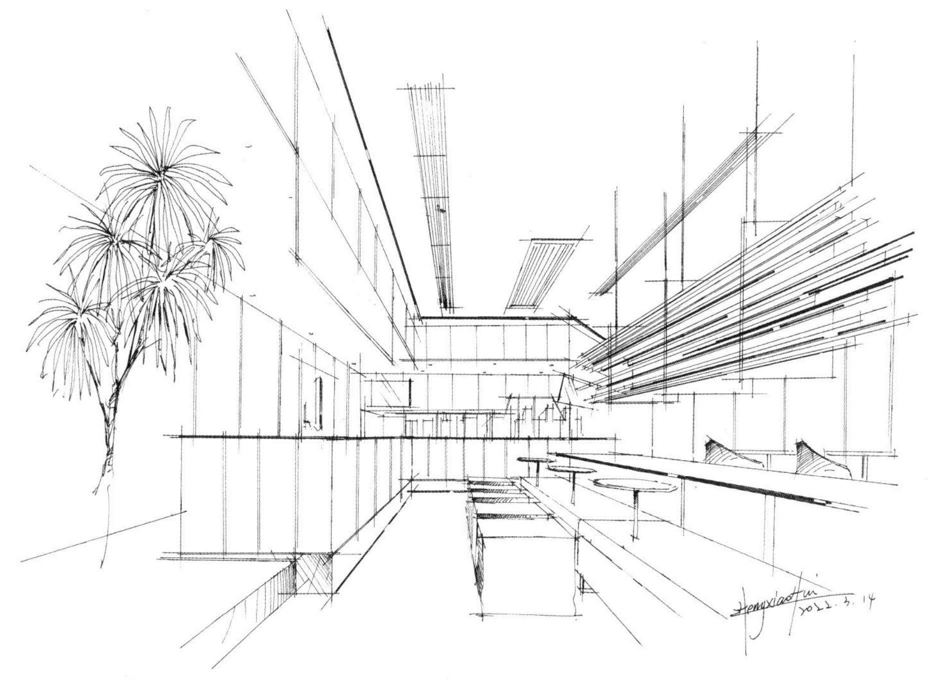

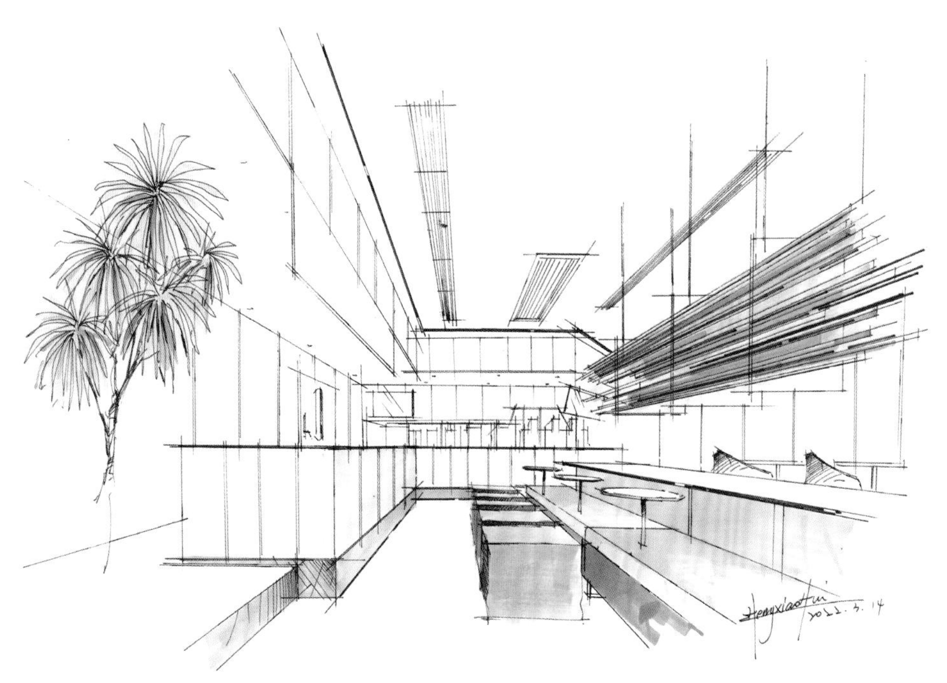

植物和坐凳部分用对应的色粉铺底色，然后用马克笔上色，颜色由浅色开始，先画出植物部分。马克笔参考配色：23、56、57、106，坐凳沙发组合马克笔参考配色：167、168、130、253。

06

吧台部分全部用灰色系马克笔画出明暗面，局部可使用笔触叠加打破一下。马克笔参考配色：253、254、256。

继续加重画面暗部，强调黑、白、灰对比，吊顶大面积留白保证画面清透不闷堵。地面用253号马克笔横向快速扫笔叠加笔触，最后使用彩铅过渡。

【场景设计解析】 本案例为某茶饮店设计，室内风格现代简约，混凝土搭配水磨石地面，空中的艺术装置给室内一种通透轻松的感觉，木桩凳子可随意摆放，营造休闲放松的茶饮空间氛围。

5.3.2 案例 2：复古美式风格咖啡厅·酒吧

【场景设计解析】 本案例为咖啡厅·酒吧一角，主要呈现吧台和休闲座椅区域，墨绿色和深棕色木材配色营造复古美式风格，吊顶侧面的留白为整个深色系空间提供了通透呼吸的界面，使空间不会过于压抑。

5.3.3 案例 3：工业风格咖啡厅

【场景设计解析】 本案例为某工业风格咖啡厅，设计中摒弃了过多人工加工的材质，大面积使用混凝土材质，以突显空间氛围。左下角的混凝土台阶、类似公园长椅的座椅形式，结合大量的碎石、石头做装饰，营造一种与户外环境相结合的轻松愉悦的休闲氛围。

5.3.4 案例 4：咖啡厅一角

【场景设计解析】 本案例表现了咖啡厅一角，右侧为工作吧台，为客人提供饮品，左侧为客用吧台，给使用者提供休闲交流的空间。绿色植物抽象图案主题墙结合木质护墙板，让空间更加自然；简约的不规则几何式吊顶打破深色系空间的沉闷；右侧落地窗结合靠窗吧台，引入户外植物景观，使空间在视觉上得到无限延伸。

5.3.5 案例 5：咖啡厅

【场景设计解析】 本案例场景为某咖啡厅的异型吧台区域，具有较强的张力和视觉冲击力，中间用异形曲面混凝土吧台围绕左侧“透明”操作间，客人散坐在吧台四周时可观看咖啡师的日常操作。此处吧台低于普通吧台高度，以便于顾客与咖啡师近距离交流。顶部以金属管为元素，设计成顺应吧台轮廓的形态，使空间更有统一性和整体性。

5.3.6 案例 6：咖啡厅夹层空间

【场景设计解析】 本案例的特色设计为局部夹层，通过正对面的楼梯衔接上下关系。一楼大厅包含卡座、吧台，以动态为主；二层提供半私密休闲空间，通过上下夹层达到动静分离的效果。左侧大面积落地窗提供充足的采光，空间更加通透，保证良好的景观效果。

5.4 办公空间

办公空间设计表现要素

办公空间在设计表现中主要有开放式办公区、茶水间、会议室、公共休闲区等。除此之外，办公空间从功能布局上还应包括前台、公司展示区、接待洽谈区、经理办公室、文件资料室、打印区、卫生间、杂物间等。从空间面积上来看，通常综合性的大公司会具备以上功能区，不同体量的中小型公司可能只具备以上的部分功能。所以我们在做空间设计时，应充分考虑空间特性，合理规划，充分提高空间的利用率。

办公空间风格通常以现代简约为主，积极的色彩环境可以激发员工的工作热情，也有小而精的工作室，色彩装饰别具一格。在进行空间设计及表现时，应该将功能和风格设计有机地结合起来。

在手绘表现上，往往选取具有代表性的开放办公区域或公共休闲区域作为表现重点。通过突出桌椅摆放的样式，色彩搭配风格，窗外景观的合理引入等，提升空间的视觉效果。

5.4.1 案例 1：开放式办公区

【过程】

从草图能看出，本案例不止一个灭点，说明场景的平面图是个不规则的形态，但也有规律可循，灭点都在视平线上，具体见草图示意即可。

02

线稿绘制顺序由前往后，先画出前面的沙发部分。

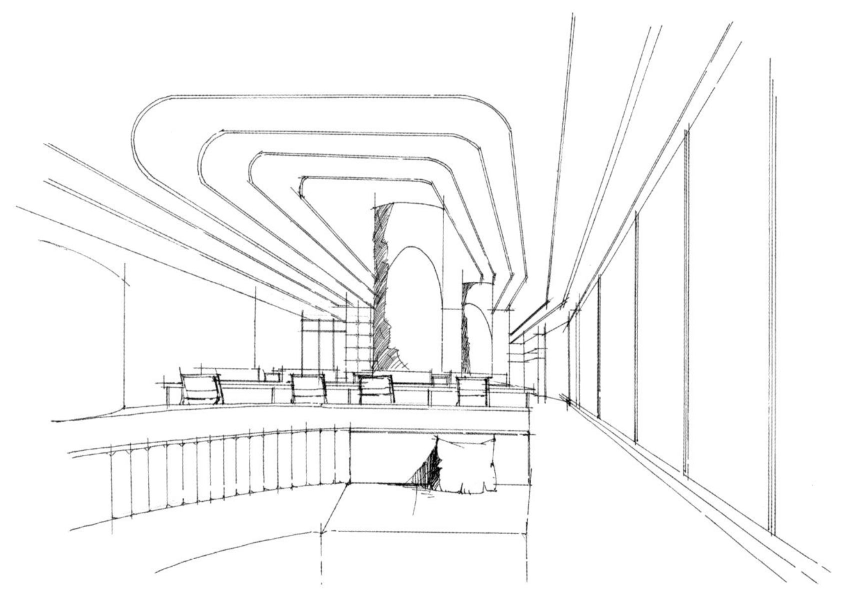

03

画出吊顶形态和右侧窗户，注意灭点位置。

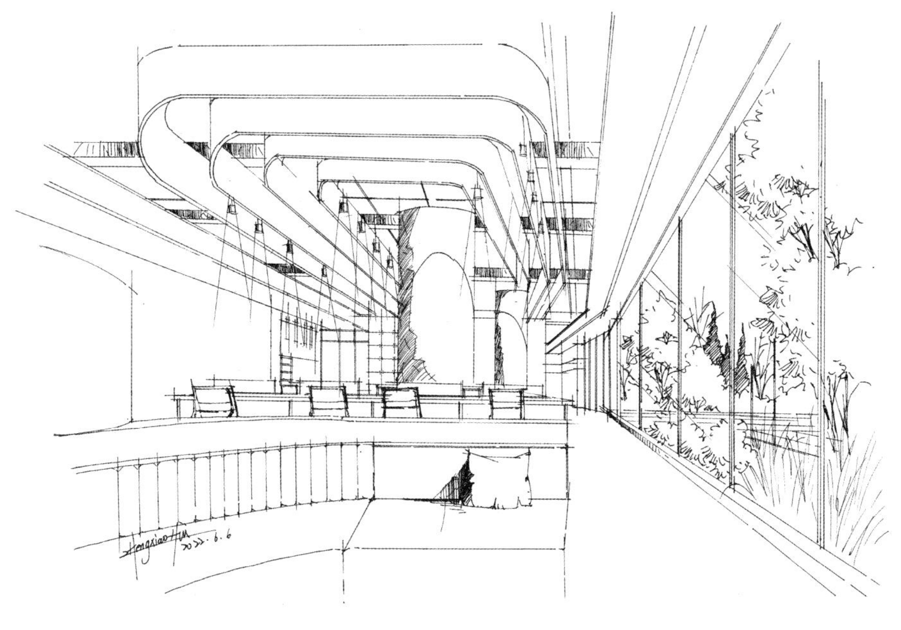

04

继续细化吊顶结构，画出特色吊顶的高度。同时画出右侧窗外的植物部分，以表现玻璃的通透感。

05

先用浅色的色粉根据颜色铺层底色，色粉可以有效预防马克笔颜色晕开，保持干透的效果。用23号、56号马克笔分别画出右侧植物，23号马克笔画前面暖色植物，56号马克笔画远处冷色植物。240号马克笔画出吊顶，253号马克笔画出顶面暗部，246号马克笔画出木质结构，214号马克笔画出红色结构。右侧为主光源方向。

06

根据不同的单体颜色，继续加深层次，用56号、57号马克笔加深植物暗部，241号马克笔叠加蓝色吊顶，254号马克笔加深顶面，叠加笔触丰富画面质感。

07

最后继续加大画面黑、白、灰的对比关系，用256号马克笔加深顶部，地面用256号马克笔画出投影，表现阳光。

【场景设计解析】 本案例为开放式办公区，前景的异形沙发作为休闲区，在表现手法上以不完整的形式呈现，画面更有代入感。蓝色造型吊顶作为画面亮点，具有较强的视觉冲击力。红蓝配色中蓝色占主色调。大面积落地窗使空间更为通透，为室内空间提供充足的采光。

5.4.2 案例 2：工业风格开放式办公区

【场景设计解析】 本案例为工业风格开放式办公区，左侧为休闲座椅台阶，可满足员工休闲沟通的需要，右侧局部夹层通过书架式楼梯衔接，增加竖向空间的利用率，也可起到动静分离的作用。

5.4.3 案例 3：LOFT 办公区

【场景设计解析】 本案例为LOFT办公区，利用室内高度局部做夹层。一层为开放式办公区，二层可做办公室或洽谈区，动静分离。现代简约风格拒绝复杂的配色，主色调选用亮黄色搭配黑、白、灰，增添空间活力，空间主题明确。

5.4.4 案例 4：异形办公空间

【场景设计解析】 本案例采用夸张的弧线吊顶，增添了视觉上的冲击力。开放办公区可以增加员工之间的沟通与交流，一侧的吧台茶水间可提供工作之余的休闲与茶饮，突破了常规办公空间的局限性。整体色调采用原木色，空间气氛柔和，风格整体统一。

5.4.5 案例 5：开放式办公区

【场景设计解析】 本案例为开放式办公区，异形办公桌通透无隔离，可增强员工之间的沟通与交流。对面借助墙体内嵌形成半私密的沟通洽谈区，玻璃隔断对空间进行功能区的分离，在视觉上通透延伸，隔而不断。

5.4.6 案例 6：开放式办公区夹层空间

【场景设计解析】 本案例延续了大面积落地窗的设计，左侧整面玻璃窗增加了空间的采光与景观效果。左侧为开放式办公区，右侧为接待区和休闲区；二层可设置为办公室等私密区；局部夹层的设计增加了空间的竖向层次和趣味性。橘色搭配木色，增加空间活力，风格色调简约统一。

5.4.7 案例 7：办公休闲交流区

【场景设计解析】 本案例为办公休闲交流区，左侧为大面积落地玻璃窗，保证了室内的通风采光及景观效果，吧台为员工提供简单的沟通交流场所，右侧主题墙设计了大面积的装饰画，起到画龙点睛的作用。空间配色色调统一，和谐整体。

5.4.8 案例 8：办公综合休闲大厅

【场景设计解析】 本案例可作为办公大楼的综合休闲大厅，包括洽谈区、茶歇休闲区域。设计中依然采用大面积的落地窗形式，把窗外的植物景观全部引入室内，使人如同置身森林中，可烘托空间氛围，成为空间的亮点。

5.4.9 案例 9：办公休闲洽谈区

【场景设计解析】 本案例为办公休闲洽谈区，现代的沙发、坐凳满足空间使用者的沟通与交流需求。空间风格现代简约，橘色色调统一，增加空间的活力，落地窗联通室内外的景观视线，保证空间的通透性。

5.5 商业及展示空间

商业空间设计表现要素

商业空间泛指人们进行日常购物等商业活动的各种场所，在环艺专业考研中，考察较多的有售楼处、服装及电子产品专卖店、便利店、品牌特卖、快闪店、商场局部特色设计等。空间设计的要点主要体现在如何展示不同特色的产品或商品，如何结合必要的使用功能，如收银台、仓储、卫生间、内部员工使用空间等，具体空间应具体分析。

在手绘表现上，应注重商业空间氛围的营造，或体现整体环境气氛，或着重灯光表现，或体现商品陈列，风格配色统一，特点突出。

展示空间设计表现要素

展示空间在方案设计层面需要考虑空间的导向性、视觉中心的布局，以及整个空间游览的系列性，包含序幕部分（接待、前台）、叙述部分（布展区域）、高潮部分（核心交流、多媒体演示等）、尾声部分（休息）。我们在手绘表现中，应着重表现展示空间的叙述部分或高潮部分，以此来体现空间的主题及创意。可以从空间的柱子形态、墙面、展架、展柜、展台等元素入手，结合局部的绿植、文字、图形、符号等，进一步强化空间的视觉效果。

在手绘表现上，展示空间应注重空间氛围及物品的展示，如科技产品、艺术作品、手工艺品等，需要着重表现灯光氛围。在配色上，为了更好地达到空间视觉效果，在多数情况下可采用同色系配色，空间视觉感受会更整体，特殊搭配的色调也可以营造出出乎意料的效果。

5.5.1 案例 1：时尚买手店

【过程】

用铅笔绘制弧形结构，同样按照顶棚线在画面 1/2 处的规律，视平线压低，顶棚弧线尽量下压，地面弧线尽量画平。圆形吊顶在水平方向扁一些，按照图中标注的中心点，定出格栅的走向。

02

线稿由前往后绘制，先画出左侧模特展台。

03

由左往右依次画出室内的单体。

04

画完室内布局再完善吊顶结构。圆形吊顶透视尽可能压平，吊顶格栅参考圆心位置找透视。

本案例为黑白色系，重点突出黑、白、灰关系即可。253、254、256、277、278、279，参考以上灰色系马克笔配色。颜色由浅到深，逐步叠加。

06

继续加深吊顶结构，重点在中间留白区域的边缘部分加重，强调对比效果。

07

最后加黑色，用彩铅过渡。

【场景设计解析】 本案例为时尚买手店，设计概念来源于星轨和月球表面的陨石坑。空间内的墙面大量使用了月球表面的凹凸质感来突出空间主题，地面人行动线成环状，形成星轨状环形路径。吊顶造型和环形照明轨道延续星轨主题，空间色调极简，黑白对比鲜明。

5.5.2 案例 2：售楼处咖啡厅

【场景设计解析】 本案例为售楼处的咖啡厅区域，采用森林主题，整个空间被茂密的绿植包围，吊顶部分搭配茂盛的垂吊绿植；围绕柱子设置弧形座椅，靠背设置植物盒子，将植物巧妙地融入空间。丰富的植物高低错落搭配，营造一处奇幻的森林咖啡厅。

5.5.3 案例 3：极简风格售楼处洽谈区

【场景设计解析】 本案例设计风格极简，以木材与大面积留白为主，画面通透干净。窗外景观透过落地窗引入室内，丰富画面内容。造型吊灯位于画面中心，起到视觉中心的作用。

5.5.4 案例 4：售楼处洽谈区

【场景设计解析】 本案例为售楼处洽谈区，异形木质吊顶简约且具有视觉冲击力，地毯的使用聚集了画面中心的家具，使画面看上去不再松散。远处吧台为洽谈区提供饮品，提升空间服务质量。

5.5.5 案例 5：文创书店休闲咖啡区

【场景设计解析】 本案例为文创书店的休闲咖啡区，中心区域为咖啡厅卡座与吧台。左侧为圆柱形隔断，内部陈列书籍；台阶式座椅结合坐垫，提供了更丰富的休闲模式。右侧旋转楼梯连接二楼空间，局部夹层的空间格局，丰富了竖向层次，增加画面趣味性。

5.5.6 案例 6：文创书店一角

【场景设计解析】 本案例为文创书店一角，独特的吊顶和一体化的立面效果使得整个空间看上去更为和谐统一，极简的立方体堆叠形式使空间更具有现代感。大面积的留白搭配局部的橘红色立方体，使画面简约干净，黑、白、灰对比强烈。

5.5.7 案例 7：休闲书吧

【场景设计解析】 本案例为休闲书吧一角，右侧为提供简易饮品的吧台，左侧为书籍陈列区及休闲阅读区。承重柱的美化形式是本案例的亮点，树枝状的结构延伸至吊顶区域，成为空间内的视觉中心。

5.5.8 案例 8：时尚买手店商品陈列区

【场景设计解析】 本案例为时尚买手店商品陈列区，整体造型夸张、具有视觉冲击力，左侧为原有厂房空间遗留的铁罐，保留场地记忆。整个空间中，宝蓝色、白色、红砖色、水泥灰色的颜色搭配既有一定的视觉冲击力，又不会显得混杂，具有强烈的材质质感。

5.5.9 案例 9：科技展厅一角

【场景设计解析】 本案例为科技展厅一角，整体采用弧线造型，空间流畅自然。主体配色选用亮黄色，局部点缀绿色，背景大面积留白，颜色清新通透。右侧为触摸屏展台，左侧随意摆放的方块坐凳给观赏者提供休息空间，地面铺装样式迎合吊顶形态，达到视觉上的统一。

5.5.10 案例 10：科技展厅

【场景设计解析】 本案例为科技展厅，中间的白色结构可为游客提供影像展示，弧形展墙贯穿整个空间；主体配色选用橙红色、橙色，局部做少量黄色点缀，色调统一和谐；地面铺装用箭头的形式，具有路线引导的作用，整体采用射灯提升空间氛围感。

5.5.11 案例 11：艺术品展厅

【场景设计解析】 本案例为艺术品展厅，整体采用砖红色配色，具有较强的视觉冲击力。中间区域放置多个艺术品展台，用射灯提升空间氛围感。

5.5.12 案例 12：商业空间大厅

【场景设计解析】 本案例为商业空间大厅区域，画面中重点体现了中间的休闲台阶，可以为人们提供休息沟通的空间。右侧错落的种植池中种植着高低大小不同的植物，营造出自然生态的空间氛围。玻璃顶棚能够为空间提供充足的自然光线，使整个空间通透明亮。

5.6 儿童空间及其他空间

儿童空间设计表现要素

儿童空间设计需充分考虑到儿童的年龄特性和行为特点，首先应考虑空间的安全性，避免锐角的使用，进行圆角设计。色彩设计以清新明亮的颜色为主，明亮的色彩可以吸引儿童的目光，促进其视力发育。在设计的细节上应体现童真、童趣，如使用可爱的图案等元素。还可以从培养孩子对世界的触摸和探索角度出发，设计更多游戏模式，如攀爬、翻滚、触摸、跑跳等形式，也可以让空间产生更多的趣味性。

在手绘表现上，结合上述设计要素体现出儿童空间的特色，用色上要多体现原木色及鲜亮的色彩。

其实，在任何空间的表现层面，技巧都是相通的，不同的一定是所表达的空间在设计层面的布局及主题元素的呈现。

5.6.1 案例 1：儿童房

【过程】

用铅笔画出架空床体、书桌等家具的位置，顶棚线要压低，视平线在画面高度的 1/3 左右，注意前后的遮挡关系。

02

线稿由前向后绘制，先画出右前方的书桌和椅子，再画出中间的儿童地毯及摆设。

03

继续画出后面的床、滑梯、吊顶结构和窗户。

04

继续完善细节，例如远处背景墙的图案、书架细节、猫头鹰挂钟、窗外的植物配景等。

05

本案例虽为儿童空间，但表现的是家居环境，色彩不宜太夸张。整体选用原木色系，先用色粉打底，再用246号马克笔画出第一层底色，墙面用38号马克笔打底画出画面笔触，运笔要轻快，不可涂死。窗外植物用23号和56号马克笔进行叠加。

06

继续叠加层次，用247号马克笔叠加木质结构，57号马克笔叠加植物部分。远处的背景墙应重点刻画突出画面亮点，用143号、56号、106号、167号、144号马克笔画出装饰部分。暗部用256、191号马克笔加重，注意面积要小，否则会显得画面很脏。右侧椅子马克笔参考配色：26、30，南瓜玩具马克笔参考配色：167、168、177。

最后深化细节，兔子摆设用68号马克笔；地面用246号马克笔，地面投影用253号、254号、256号马克笔叠加，地毯用130号、39号、40号马克笔；墙体、顶面用39号和40号马克笔叠加层次；植物用106号马克笔叠加暗部；玻璃及天空用239号马克笔，暗部略加高光。整体色调尽量统一，以使画面统一和谐。

【场景设计解析】 儿童房作为儿童空间的代表，应在极为有限的空间内实现尽可能多的功能，是考验设计能力的集中体现。架空的床体可以高效地利用竖向空间，例如利用爬梯和滑梯增加空间趣味性，将床下空间打造成阅读空间等。靠窗部分改造为书桌，阳光充足。地面上放置地毯、抱枕、玩具等，使空间更为温馨柔软。整个空间配色以原木色为主，搭配局部小范围的跳色，营造温馨舒适的家居氛围。

5.6.2 案例 2：松果主题儿童活动空间

【场景设计解析】 本案例采用松果主题，并将松果设计为室内儿童滑梯，左侧为木质攀爬结构。云朵概念主题吊顶，延续至远处，使整个吊顶区域浑然一体。空间主体色调采用原木色，搭配白色，色调简约统一，趣味性强。

5.6.3 案例 3：魔术主题儿童活动空间

【场景设计解析】 本案例采用魔术主题，利用拐杖、气球、魔术帽等元素烘托空间主题氛围，配色采用橘红色、橙色、红色，色调整体统一，结合强烈的黑、白、灰对比，使空间具有较强的视觉冲击力。

5.6.4 案例 4：自然主题儿童活动空间

【场景设计解析】 本案例为青少年儿童活动中心，场地内设计了组团式娱乐设施，以蘑菇为主题，设计攀爬滑梯，结合云朵吊饰，增强趣味性。远处设计室内攀岩墙，可以满足青少年的活动需求。弧形地面铺装呼应儿童设施，在视觉上形成统一。绿色系搭配原木色，画面风格清新自然。

5.6.5 案例 5：弧形元素儿童活动空间

【场景设计解析】 本案例主要表现旋转楼梯的局部，并突出球体组合的顶面特色。大大小小的球形装置铺满吊顶，采用统一的色调，深浅不一的橘色调充满空间的各个角落，氛围浓厚。旋转楼梯连接二层空间，左侧吊椅提升空间趣味性，弧形地面铺装呼应弧形墙面，整个空间以弧形元素为主，具有较强的视觉冲击力。

5.6.6 案例 6：儿童创意空间

【场景设计解析】 本案例为儿童创意空间一角，在空间的设计中采用大量几何图形，例如半圆形的拱门、三角形的台阶……各种形状的合理叠加增加了空间的趣味性。在空间色彩上采用大面积的亮黄色，使空间色彩统一，主题性更强。深灰色的散石铺地可以增加空间的材质质感。

5.6.7 案例 7：公共活动大厅

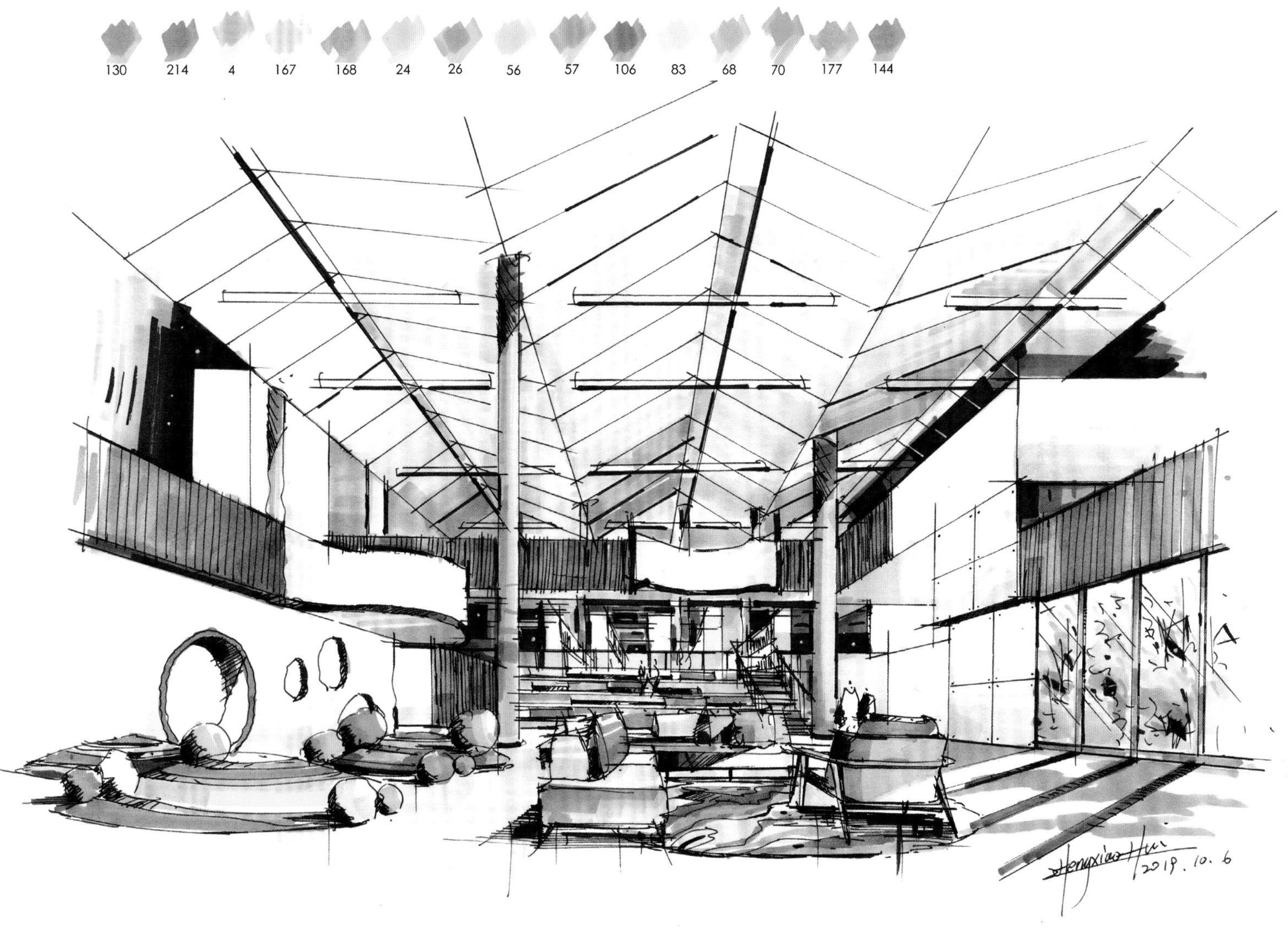

【场景设计解析】 本案例为公共活动大厅设计，左侧设计儿童娱乐区，洞洞墙结合人工微地形和散布的球体装置，增强了空间的趣味性，中间布置沙发休息区，远处为休闲台阶，夹层空间为书吧空间。整个空间通透大气、色调统一，巧妙的留白处理使空间更清新干净。

5.6.8 案例 8：魔术主题空间

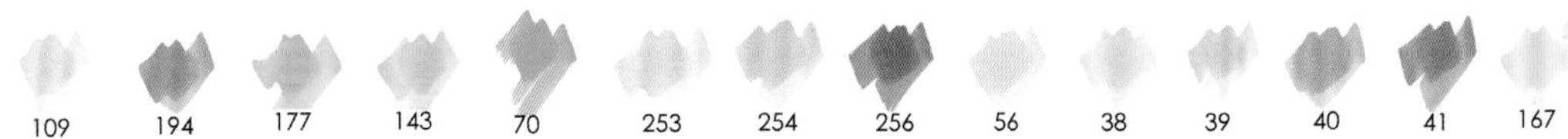

【场景设计解析】 本案例为休闲区一角，重点体现独特的配色风格。空间整体使用蓝紫色调，结合局部的少量粉色及绿色，尝试了一种新颖独特的配色风格。元素设计上采用了大量气球装置做吊顶装饰，魔术帽、拐杖等被夸张放大的元素为空间增添奇幻色彩。

5.6.9 案例 9：中式休闲空间

【场景设计解析】 本案例同时表现了室内和室外区域。室内为休闲空间一角，室外则重点表现中式景观元素，假山、月洞门、竹林等充分体现了中式意境。左侧玻璃门打开后，景观元素便充分地融入室内；右侧落地窗可以延伸空间视线，整个室内外环境融为一体，通透明亮。

5.6.10 案例 10：休闲活动大厅

【场景设计解析】 本案例为休闲活动大厅一角，左侧布置了一组休闲座椅，弧形吊顶及斜面挡墙为空间的亮点。通过在空间中大面积使用木材并结合室内绿植，来体现生态低碳理念，整体风格和谐统一。